Samir Abdulmohsin

Nanoestruturas híbridas orgânico-inorgânicas para aplicações em células solares

Samir Abdulmohsin

Nanoestruturas híbridas orgânico-inorgânicas para aplicações em células solares

ScienciaScripts

Imprint

Any brand names and product names mentioned in this book are subject to trademark, brand or patent protection and are trademarks or registered trademarks of their respective holders. The use of brand names, product names, common names, trade names, product descriptions etc. even without a particular marking in this work is in no way to be construed to mean that such names may be regarded as unrestricted in respect of trademark and brand protection legislation and could thus be used by anyone.

Cover image: www.ingimage.com

This book is a translation from the original published under ISBN 978-3-659-82996-3.

Publisher:
Sciencia Scripts
is a trademark of
Dodo Books Indian Ocean Ltd. and OmniScriptum S.R.L publishing group

120 High Road, East Finchley, London, N2 9ED, United Kingdom
Str. Armeneasca 28/1, office 1, Chisinau MD-2012, Republic of Moldova, Europe
Printed at: see last page
ISBN: 978-620-8-18216-8

Índice:

NANOSTRUTURAS HÍBRIDAS ORGÂNICAS-INORGÂNICAS PARA APLICAÇÕES EM CÉLULAS SOLARES por Samir M. AbdulAlmohsin, dezembro de 2013

Resumo

As propriedades electro-ópticas aliciantes dos materiais nanoestruturados, tais como os nanotubos de carbono, o grafeno, os nanocristais de CdS e os nanowries de ZnO, trazem um novo vigor à inovação da energia fotovoltaica. O principal objetivo desta dissertação é desenvolver novos materiais nano-estruturados para aplicações em células solares de baixo custo. O fabrico, a caraterização e a aplicação em células solares de estruturas híbridas orgânico-inorgânicas são o foco principal desta investigação.

Foram sintetizadas películas compósitas de polianilina (PANI)/nanotubos de carbono de paredes múltiplas (MWNT) através de uma polimerização eletroquímica de anilina com MWNTs aerografados em substratos de ITO. Verificou-se que a incorporação de MWNTs em PANI aumenta efetivamente a condutividade da película com um limiar de percolação de 5% de nanotubos no compósito. O desempenho das células solares depende fortemente da condutividade das películas compósitas, que pode ser regulada ajustando a concentração de nanotubos. Uma condutividade mais elevada resulta num melhor desempenho da célula, devido a uma recolha de carga eficiente. Este estudo indica que as películas compósitas de PANI/MWNT com condutividade optimizada são potencialmente úteis para aplicações de células solares híbridas de baixo custo.

As células solares sensibilizadas por nanocristais de CdS (NCSSC) foram investigadas utilizando polianilina (PANI) como substituto do contra-elétrodo convencional de platina. O tempo de crescimento dos nanocristais afecta significativamente o desempenho da célula solar. Com um crescimento ótimo, as NCSSCs apresentam 0,83% de eficiência de conversão em comparação com 0,13% para as células idênticas sem nanocristais de CdS. A espetroscopia de impedância eletroquímica mostrou que a transferência de carga nas células solares com nanocristais de CdS foi melhorada. O aumento da eficiência global de conversão de energia pelos nanocristais é atribuído à melhoria da absorção de luz e à supressão da taxa de recombinação de cargas interfaciais na injeção, o que resulta numa melhoria significativa da transferência de carga e do tempo de vida dos electrões. Além disso, os eléctrodos de PANI com uma grande área de superfície e uma corrosão-inércia ideal em relação ao polissulfureto redox apresentam um potencial de aplicação promissor como contra-elétrodo para as NCSSC. Este estudo demonstra que os nanocristais de CdS crescidos em solução e a polianilina são potencialmente úteis para o fabrico de NCSSCs de elevado desempenho, o que é tecnicamente atrativo para uma produção económica e em grande escala.

Uma estrutura híbrida contendo poli (3-hexiltiofeno) enriquecido com grafeno (G-P3HT) ou poli (3-hexiltiofeno): éster metílico do ácido (6,6)-fenil C_{60} butírico e tetra (4-carboxifenilo) porfirina enxertada em matrizes de nanofios de ZnO foi investigada para células solares híbridas nanofios/polímeros. Os nanofios alinhados verticalmente incorporados nas películas orgânicas actuam como um semicondutor ativo do tipo n e um elétrodo de recolha de carga de elevada eficiência. Verificou-se que a superfície de enxerto de nanofios de ZnO por porfirina melhora significativamente a eficiência da célula em comparação com as que utilizam nanofios de ZnO puros. A melhoria é atribuída ao aumento da captação de luz e da injeção de carga com a presença de porfirina na interface da junção. Um estudo comparativo mostrou que a utilização de G-P3HT aumentou ainda mais a eficiência das células solares de nanofios de 0,09 para 0,4%, beneficiando da melhor recolha de buracos com o grafeno no polímero. Este estudo indica que a estrutura híbrida que inclui matrizes de nanofios de ZnO modificadas à superfície e alinhadas verticalmente, incorporadas em G-P3HT, é promissora para aplicações em células solares.

Foi também estudada uma combinação de heterojunção de P3HT: PCBM com matrizes de nanobastões de ZnO para aplicações em células solares. Nos dispositivos P3HT: PCBM, os dadores de electrões como o poli (3-hexitiofeno) (P3HT) e os aceitadores como o éster metílico do ácido (6,6)-fenil C_{61} butírico (PCBM) são misturados para formar uma camada mista (uma heterojunção em massa). A separação de cargas dos excitões foto-induzidos é grandemente reforçada pela transferência ultra-rápida de electrões e pela grande interface entre os dois componentes. No entanto, a recolha de cargas é uma das principais limitações para melhorar a eficiência das células. Neste estudo, os nanofios de ZnO foram utilizados para facilitar eléctrodos de recolha de carga eficientes para melhorar a eficiência da conversão de energia.

Agradecimentos

Em primeiro lugar, gostaria de agradecer ao meu orientador de doutoramento, Prof. Dr. Jingbiao Cui, por toda a sua instrução e apoio ao longo da minha licenciatura. Foi um prazer estar sob a sua orientação e aprender com ele. Durante os meus estudos de pós-graduação, adquiri muitos conhecimentos sobre como conduzir investigação, escrever publicações em revistas e orientar estudantes de pós-graduação. Gostaria também de agradecer aos membros do comité por terem disponibilizado o seu tempo e conselhos. Gostaria de agradecer ao corpo docente e ao pessoal do Departamento de Ciências Aplicadas, em especial ao Dr. Jerry Lee, pela grande ajuda e apoio, e a Haydar Al-Shukri, pela sua assistência em questões administrativas. Agradeço também a todas as pessoas da UALR, especialmente à Biblioteca Ottenhimer, por me terem fornecido os materiais científicos necessários, tais como artigos, livros e acesso a impressoras. Agradeço também aos meus amigos investigadores do Departamento de Física, Dr. Matthew Thomas, Keyue Wu, Johnathan Armstrong, Alaa Al-Hilo, Muatez Mohammed e WeiWei Sun, por me ajudarem sempre na minha investigação. Gostaria de agradecer a todos os meus amigos e familiares por estarem sempre presentes e me apoiarem.

Capítulo 1
Introdução

Atualmente, a crescente procura de energia e a escassez de recursos de combustíveis fósseis no mundo têm pressionado as pessoas a procurar fontes de energia sustentáveis e renováveis. A energia solar é a fonte de energia mais abundante e renovável e tem atraído muita atenção recentemente. A Terra recebe aproximadamente $174*10^{15}$ watts de radiação solar do Sol, com uma temperatura de irradiação de corpo negro de cerca de 5500K. Devido ao retorno (cerca de 30%) e à absorção pela atmosfera, o espetro da luz solar à superfície da Terra estende-se maioritariamente pelas gamas do visível e do infravermelho próximo, com uma pequena parte no ultravioleta próximo [1]. A energia solar é considerada uma das alternativas mais prometedoras à energia tradicional. Tem sido realizada muita investigação sobre as tecnologias fotovoltaicas, com o objetivo de converter diretamente a energia da luz solar em eletricidade. No entanto, em comparação com as fontes de energia tradicionais, os elevados custos dos dispositivos fotovoltaicos ainda limitam a sua ampla aplicação.

1.1 Física fundamental dos efeitos fotovoltaicos
1.1.1 Conceito de dador-acceptor

O efeito fotovoltaico é o princípio físico para converter a luz solar em eletricidade. A luz solar é um largo espetro de ondas electromagnéticas que abrange desde o ultravioleta até ao infravermelho distante. Cada onda electromagnética de determinado comprimento de onda pode ser vista como um pacote de energia (fotão) com uma quantidade específica de energia. Quando os fotões atingem um dispositivo de células solares, são reflectidos ou absorvidos, ou podem atravessar o painel de células solares. Se o fotão tiver energia suficiente para excitar os electrões e os deixar escapar da sua posição original, sob a orientação da potência incorporada, o eletrão flui como uma corrente no circuito elétrico, ao mesmo tempo que o buraco é produzido. [2, 3] Um dispositivo fotovoltaico orgânico (OPV) típico é constituído por um ou vários materiais orgânicos fotoactivos ensanduichados entre uma janela de elétrodo transparente e um elétrodo metálico como elétrodo brilhante. O material mais importante é a camada fotoactiva, uma vez que o processo de absorção da luz, a separação de excitões e o transporte de cargas ocorrem todos nela, este tipo de dispositivos apresenta normalmente uma eficiência muito baixa, devido à fraca dissociação de excitões. Para melhorar esta arquitetura, é adicionado um segundo material orgânico ou inorgânico ao material original para dissociar os excitões. A isto chama-se hetrojunção, em que um material dador de electrões e um material aceitador de electrões se juntam, com níveis de energia HOMO e LUMO desfasados entre si. A hetrojunção dador-acetor deve ser dispersa entre si para assegurar o movimento dos excitões através da camada ativa, como se mostra na figura (1.1a, b, c). Nas células solares orgânicas, os excitões dissociam-se primeiro na interface de hetrojunção, o dador fornece electrões ao aceitador enquanto o buraco se desloca do aceitador para o dador. Em 1992, verificou-se que a transferência de electrões ocorria a partir de um polímero conjugado para materiais aceitadores como o fulereno c_{60} [4]. Para obter dispositivos de células solares orgânicas eficientes, o polímero dador e o aceitador têm de se auto-montar numa rede 3D uniformemente distribuída após a secagem do solvente, de modo a que sejam criadas vias de percolação fáceis e suaves para que os portadores livres alcancem os eléctrodos adequados[5]. Para além de um transporte de carga eficiente, este tipo de dispositivo pode também alargar os espectros de absorção utilizando materiais que absorvem diferentes partes do espetro solar.

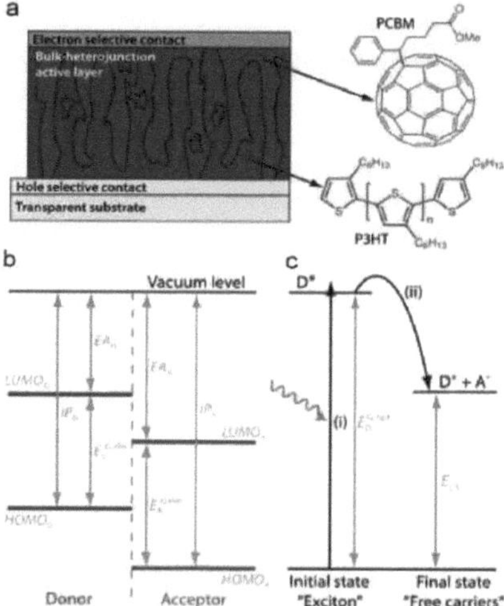

Figura 1.1Representação esquemática da estrutura simplificada do dispositivo e da nanoestrutura do dador e do aceitador BHJ (a), a energia de uma única partícula tipicamente considerada nos dispositivos BHJ, (b) diagrama simplificado do P3HT:PCBM BHJ. As energias representadas são o potencial de ionização (IP) e a afinidade eletrónica (EA) do dador e do aceitador, o intervalo eletrónico (Ex^G), o intervalo ótico do dador (ED^G) e a energia do estado de separação de cargas (Ecs), D* +A estado final de separação de cargas, com um buraco no dador e um eletrão no aceitador.(c)[5] {LICENÇA DE UTILIZAÇÃO}

Em geral, a célula solar funciona em três etapas: (i) um excitão (par eletrão-buraco) é gerado pela excitação da absorção de fotões no dador. (ii) Espalha-se pelo material orgânico até atingir a interface dador-acetor, onde o par eletrão-buraco ligado se separa em portadores de carga livres, após o que o eletrão e o buraco se transferem através dos materiais orgânicos para a interface de contacto. Finalmente, a fotocorrente é gerada quando os portadores de carga atingem os contactos exteriores.

A Figura 1.2 mostra o circuito equivalente das células solares, que inclui os seguintes elementos: uma fonte de corrente que é a fotocorrente, um díodo com corrente de saturação inversa que representa o portador de carga na interface, uma resistência de derivação através da qual a corrente pode escapar e uma série que é a soma das resistências em série de todas as camadas dos dispositivos.

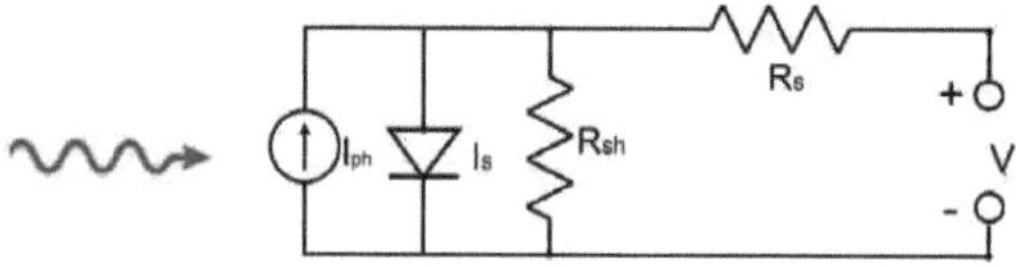

Figura 1.2 Circuito equivalente para células solares orgânicas.

O circuito equivalente da equação de Shockley pode ser descrito por:

$$I = \frac{R_{sh}}{R_{sh}+R_s}\left\{\left\{I_s\left[\exp\left(\frac{q(V-IR_s)}{nk_BT}-1\right)^1\right]+\frac{V}{R_{sh}}-I_{ph}(V)\right\}\right. \quad , \qquad 1.1$$

em que Is é a corrente de saturação inversa, n é o fator de idealidade do díodo, KB é a constante de Boltzmann, T é a temperatura, Iph é a corrente de fotogeração, Rs e Rsh são as resistências em série e em derivação, respetivamente. A eficiência de conversão de energia (PCE) e o fator de enchimento

(FF) são definidos como

$$FF = \frac{I_{max}V_{max}}{I_{sc}XV_{oc}}$$

1.2

$$PCE = \frac{P_{out}}{P_{in}} = \frac{(FF.V_{oc}I_{sc})}{P_{in}}$$

1.3

$I_{max} * V_{max} = P_{max}$ que é a energia máxima de saída gerada, como mostra a figura 1.3 a curva I-V abaixo.

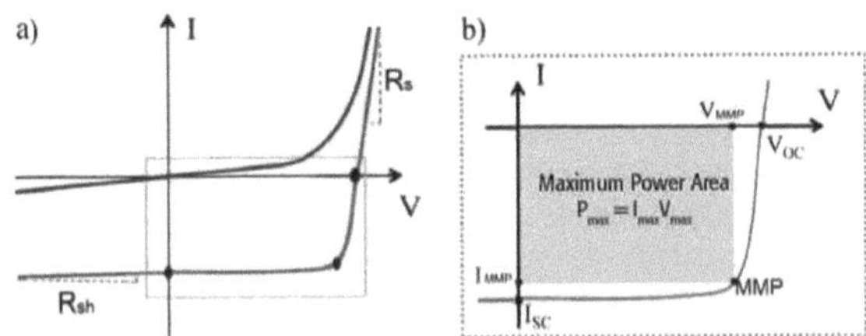

Figura 1.3 Curvas I-V de um dispositivo fotovoltaico. a) Caracterização I-V no escuro (vermelho) e com iluminação (azul). b) Caraterísticas I-V com iluminação.

A corrente para o díodo nos materiais orgânicos representados na Eq.1.4

$$J_{dark} = J_0 \; exp(V - V_{bi})nk_BT \quad , \qquad (1.4)$$

Em que J0 é a corrente de saturação inversa, que é a densidade intrínseca de portadores, Vbi é o potencial de interface entre os dois elementos e n é o fator de idealidade, que deve variar entre 1 e 2, dependendo da recombinação na região de depleção ou da difusão de portadores minoritários [7].

1.2 História das células solares orgânicas.

No entanto, os dispositivos fotovoltaicos só foram objeto de investigação aprofundada na década de 1950. A primeira célula solar de silício cristalino, baseada numa junção p-n, foi introduzida em 1954 [6], mas os polímeros não foram investigados para efeitos de dispositivos fotovoltaicos até à década de 1980. A fusão de um material dador e de um material aceitador na camada ativa de uma única célula foi introduzida em 1986 por Tang, e deu origem a um aumento da eficiência de conversão de energia (PCE) numa ordem de grandeza de ~0,1% para ~1%. Esta abordagem de duas camadas contém regiões puramente de tipo p e de tipo n com uma junção onde os dois materiais se encontram. A abordagem de heterojunção em massa envolve o fabrico de uma mistura em que os dois materiais estão adequadamente separados por fases para formar numerosas interfaces e proporcionar vias de percolação entre os eléctrodos e os materiais. Este método dá atualmente origem às células solares de polímero mais eficientes. O foco da investigação atual é a otimização de células baseadas no conceito BHJ. Recentemente, isto resultou em investigações de células solares poliméricas contendo misturas do derivado de C60 PCBM e poli (3-alquiltiofenos) [7]. Desde então, o conceito de heterojunção tem sido amplamente estudado em vários pares dador-acetor, como polímero/corante e polímero/fullereno. Mais tarde, foram fabricadas células solares orgânicas a partir de uma mistura de dador/acetor, designada por heterojunção em bloco. O PCE de uma heterojunção a granel de unidade única e de células solares orgânicas em tandem baseadas em P3HT: PCBM de > 5% [8-11, 12] e 6,4% [14], respetivamente, foi alcançado recentemente. Estas células solares orgânicas foram fabricadas com materiais sintetizados que não estão disponíveis comercialmente [15]. Empresas como a Heliatek, a Konarka Technologies e a Solarmer Energy Inc. comunicaram células com PCE > 8% no início de 2011[16]. A Mitsubishi Chemical comunicou ter um PCE de 9,2% em abril de 2011[17]. Yang e colaboradores anunciaram um PCE de 10,6% este ano [18], e a Heliatek, a Konarka Technologies e a Solarmer Energy Inc atingiram uma eficiência de 12% nas células solares orgânicas em janeiro de 2013. [19]. A Molecular Solar Ltd. conseguiu, pela primeira vez, obter OSC em tandem com uma tensão de circuito aberto (Voc) superior a 4 V, utilizando uma célula com apenas 4 junções (subcélulas) [20]. Isto é considerado um avanço significativo no desempenho dos OSC, uma vez que esta Voc elevada será suficiente para suportar uma vasta gama de produtos electrónicos de consumo. A heterojunção em bloco continua a ser uma das estruturas mais promissoras das células solares orgânicas actuais. Outras abordagens emergentes são também muito promissoras, como os pontos quânticos/células solares orgânicas híbridas com geração de múltiplos electrões a partir de um único fotão incidente, embora o atual PCE deste tipo de dispositivo seja ainda baixo, próximo de 5% [21].

1.2.1 Células solares sensibilizadas por corantes (DSSC)

As células solares sensibilizadas por corantes (DSSC) enquadram-se no conjunto de células solares orgânicas que têm um baixo custo de fabrico e um bom desempenho[22] e convertem a luz solar em energia eléctrica com base no princípio do fenómeno fotoelectroquímico. As DSSC são um dos substitutos promissores das células solares à base de silício. Baseia-se num semicondutor formado entre um ânodo fotossensibilizado com corante, um contra-elétrodo como cátodo e um eletrólito (Figura 1.4 a). Uma DSSC é constituída por uma camada porosa ou nanorodo, nanoesfera, nanoplaca de nanopartículas de óxido metálico com corante molecular que absorve a luz solar. O óxido metálico é saturado com um corante molecular e, depois de preenchido com uma solução electrolítica, o foto-ânodo e o cátodo são ensanduichados com um catalisador de platina,

Os melhores materiais de óxido metálico são o TiO2 anatase e outros óxidos com um intervalo de banda semelhante, como o ZnO [23] e o Nb2O5 .[24] Todos estes materiais têm um intervalo de banda largo e necessitam de injetar electrões da molécula do corante na sua banda de condução para criar a fotoexcitação. O eletrólito fornece o eletrão do corante de modo a restaurar o estado original da molécula do corante depois de o fornecer ao óxido metálico. Classicamente, o eletrólito redox ou a solução redox, como o par iodeto/tri-iodeto, é de uso comum no eletrólito redox. A banda de condução do corante oxidado recaptura o eletrão do iodeto oxidado a tri-iodeto e a redução do tri-iodeto para gerar iodo na superfície do contra-elétrodo, através do processo de regeneração do sensibilizador. Finalmente, o circuito é completado pelo movimento dos electrões através da carga externa. A diferença entre o nível de Fermi do eletrão no sólido e o potencial redox do eletrólito sob iluminação está diretamente associada à tensão de circuito aberto.

1.2.2 Células solares sensibilizadas por pontos quânticos (QDSSCs)

As células solares sensibilizadas por pontos quânticos (QDSSC) têm sido muito atractivas como dispositivos de células solares da próxima geração [22-36]. Os sensibilizadores semicondutores de pontos quânticos (QD) têm a possibilidade de gerar múltiplos excitões com um único fotão, o que pode ultrapassar o limite de eficiência de Shockley-Queisser. Além disso, os QDs permitem a adaptação do seu intervalo de banda, ou seja, a gama de absorção de luz através do controlo das dimensões dos QDs, o que ajuda a alargar a gama espetral das células solares. Em comparação com as células solares convencionais sensibilizadas por corantes, a injeção de electrões nas QDSSC provém de duas fontes de absorventes em vez de uma [37]. No entanto, a utilização de QDs apenas como um absorvente mais forte não conduz a um aumento da eficiência devido à lenta recolha de buracos e à instabilidade dos QDs, que aumenta a recombinação de cargas. Este problema ocorre quando os electrólitos à base de iodo são utilizados em contacto direto com os QDs e provocam a instabilidade dos nanocristais devido à reação redox/QDs [38-41]. Num estudo recente, Shalom e colegas propuseram a utilização de uma fina camada amorfa de TiO2 revestida sobre os QDs para evitar o seu contacto direto com o eletrólito redox [16]. Este projeto de célula solar sensibilizada por uma bicamada de QDs e corantes mostrou um potencial promissor para ultrapassar o limite de eficiência dos dispositivos tradicionais sensibilizados por corantes [37].

(a)   (b)

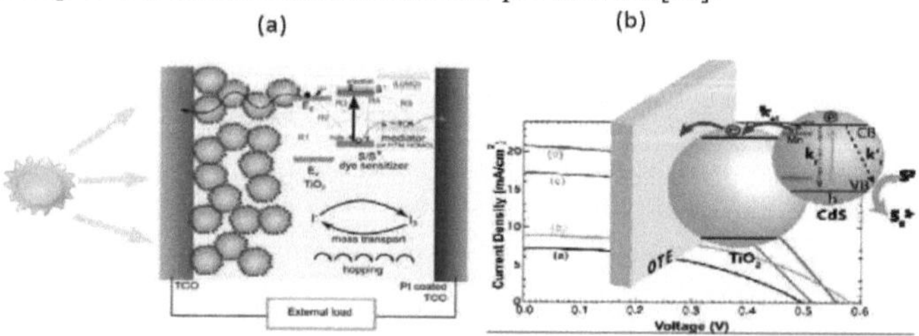

Figura 1.4: diagrama esquemático da célula solar de TiO2 com corante (a), estrutura esquemática do CdS células solares sensibilizadas por pontos quânticos. [23]{LICENÇAELSEVIER}

1.2.3 Materiais fotovoltaicos orgânicos

O material fotovoltaico orgânico é geralmente um polímero conjugado com uma estrutura alternada de ligações simples e duplas (estrutura conjugada) e os seus átomos de carbono hibridizados sp^2 . A transição *n* - *n** entre as orbitais n de ligação e anti-ligação fornece dois estados de energia para os electrões residirem. Estas orbitais são habitualmente designadas por orbitais moleculares mais elevadas ocupadas (HOMO) e orbitais moleculares mais baixas desocupadas (LUMO), respetivamente, correspondendo às bandas de valência e de condução nos semicondutores.

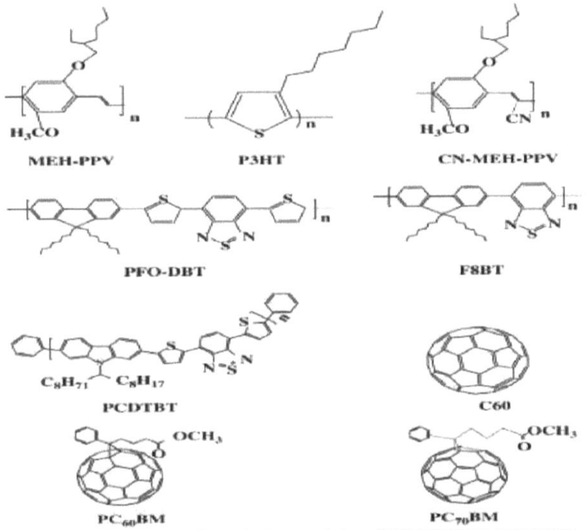

Figura 1.5 Vários representantes de materiais fotovoltaicos orgânicos [7]{ELSEVIER LICENSE}

A diferença de energia entre o HOMO e o LUMO é designada por E_g, que permite a absorção ótica na região da luz visível e a condutividade eléctrica adequada para que os semicondutores produzam corrente eléctrica nos dispositivos OPV [8]. O intervalo de banda típico dos polímeros conjugados condutores é de aproximadamente 2 eV, o que significa que o fotão com comprimento de onda superior a 650 nm não pode excitar os materiais orgânicos para gerar electrões livres.

1.2.4 Difusão e separação de excitões

O fotão absorvido pode excitar o eletrão do HOMO para o LUMO nas células solares, gerando assim excitões nos materiais orgânicos de conjugação. Estes excitões fotogerados devem ser transportados para a interface dador-acetor durante o seu tempo de vida, numa escala de nanossegundos [42], o que é geralmente descrito como um processo de difusão. Os excitões são levados por uma energia progressivamente mais baixa a viajar ao longo de um segmento de cadeia conjugada durante uma certa distância antes de se recombinarem. O chamado comprimento de difusão do excitão é definido para a migração do excitão como:

$$L_{D=\sqrt{D*\tau}} \qquad (1.1)$$

O grande comprimento de difusão ajudará os excitões a atingir a interface da junção p-n para a separação de cargas.

1.2.5 Transporte de portadores de carga

A eficiência do transporte de carga depende normalmente da mobilidade do material |i, que é definida como a velocidade média da partícula em resposta a uma força eléctrica por unidade de campo clétrico (E) [43]. Devido à ordem de longo alcance em materiais orgânicos, as cargas devem mover-se entre estados localizados em moléculas adjacentes, o que é referido como transporte por saltos. Assim, é necessário um caminho contínuo em cada material condutor para transportar a carga separada para os contactos. A relação entre LI, E e o comprimento de transporte do portador de carga L $_{,eh}$ é definida como

$$L_{e,h} = \mu_{e,h} \tau_{e,h} E \quad , \qquad (1.2)$$

Onde $T_{e\,h}$ é o tempo de vida do portador. O valor de L_h = 90 nm em P3HT é referido em medições experimentais para células solares P3HT: PCBM [44].

1.2.6 Células solares de polímeros orgânicos

As células solares orgânicas são um dos dispositivos de captação de luz mais promissores, que podem ser fabricados a um custo relativamente baixo em comparação com as células solares à base de silício puro. Estes dispositivos são geralmente processados a partir de uma solução e podem ser fabricados pelo processo de impressão rolo a rolo em grande escala e a baixo custo [45]. As células solares orgânicas são geralmente fabricadas a partir de películas finas (normalmente 100-250 nm) de meios orgânicos do tipo P, como o polifenileno vinileno e a ftalocianina de cobre, e de semicondutores orgânicos do tipo N, como os fulerenos de carbono e os derivados de fulerenos, como o éster metílico do ácido fenil-C61-butírico (PCBM). Até à data, as eficiências de conversão de energia dos dispositivos fotovoltaicos à base de polímeros condutores ainda não podem competir com as dos seus homólogos inorgânicos.

1.2.7 Células solares híbridas

As células solares híbridas baseiam-se numa camada fotoactiva formada pelo revestimento de um semicondutor orgânico sobre um material inorgânico de elevado transporte de electrões [46]. A eficiência de conversão de energia da heterojunção é superior à dos dispositivos fabricados a partir de um único material, devido aos múltiplos bandgaps relacionados com cada material nas células solares híbridas. O potencial de compensação de energia construído na interface é necessário para separar o excitão criado pela compensação de energia entre as órbitas moleculares baixas não ocupadas (LUMOs) ou a banda de condução do dador e do aceitador [46]. O requisito do potencial de compensação deve ser suficiente para dissociar os excitões e permitir que os portadores se transportem para os respectivos eléctrodos através de uma rede de percolação. O comprimento de difusão dos excitões é muito curto no polímero orgânico, sendo de cerca de 5-10 nanómetros [47]. Para lidar com o problema do curto comprimento de difusão dos excitões, para além de uma bicamada separada por fases, é utilizada com êxito uma estrutura de heterojunção em massa para aumentar as regiões de deposição interficial de dois materiais, o que permite captar mais excitões. A mistura das partículas de óxido de metal durante a matriz de polímero condutor cria e aumenta a área interfacial para a transferência de carga. O aumento da eficiência da conversão de energia é diretamente proporcional ao aumento da interface da região de deplantação das células solares híbridas inorgânicas-orgânicas, como resultado da assistência à separação de cargas e do aumento das regiões de deploração interficial devido à formação de um maior número de díodos que captam mais excitões para lidar com o problema dos baixos comprimentos de difusão de cada estrutura, de modo a que os díodos orgânico-inorgânicos permitam separar mais cargas e capturar mais excitões que se deslocam em direção ao elétrodo adequado, com uma probabilidade reduzida de recombinação.

1.3 Desafios e oportunidades actuais

O nosso Sol irradia aproximadamente 3,8* 1026 Joules por segundo sob a forma de energia electromagnética, enquanto a Terra apenas recebe cerca de 2×10^9 Joules por segundo desta energia [46]. A principal energia renovável é a radiação solar e, por outro lado, as energias renováveis secundárias, que são recursos solares e energéticos como a energia das ondas, o vento, a hidroeletricidade e a biomassa. A energia solar é a fonte de energia mais abundante e fiável. No entanto, as células solares actuais são ainda demasiado caras. É necessário que as células solares tenham uma eficiência de conversão elevada para serem económicas[46]. [46] Como se pode ver na Figura 1.6, as células solares orgânicas e as células solares sensíveis a corantes têm baixas eficiências, embora tenham potencial para reduzir o custo. As células fotovoltaicas construídas a partir de semicondutores, como os compostos de silício cristalino III-V, o telureto de cádmio e o seleneto/sulfureto de cobre e índio, representam as células fotovoltaicas de primeira e segunda gerações, para além das células solares de estrutura híbrida orgânica-inorgânica [47]. As células solares de baixo custo, como as orgânicas, têm sido objeto de investigação nas últimas três décadas. Os polímeros orgânicos foram considerados os materiais mais baratos e prometedores para as células solares no que respeita à produção de energia. Recentemente, as estruturas híbridas orgânicas e inorgânicas têm atraído muita atenção para aplicações fotovoltaicas devido às suas propriedades únicas[48]. Estas estruturas distintas possuem vantagens herdadas de ambos os tipos de materiais, tais como o elevado transporte de carga em materiais inorgânicos e a elevada absorção e o processamento de baixo custo de materiais orgânicos com flexibilidade intrínseca. Os polímeros conjugados são semicondutores do tipo p promissores para o fabrico de tais estruturas híbridas. [49,50] Materiais inorgânicos, incluindo pontos quânticos/nanocristais, [35,36] nanopartículas/colóides, [51,52] e nanofios/nanorodas [53,54] de vários semicondutores, foram também utilizados para fabricar estruturas híbridas de células solares.

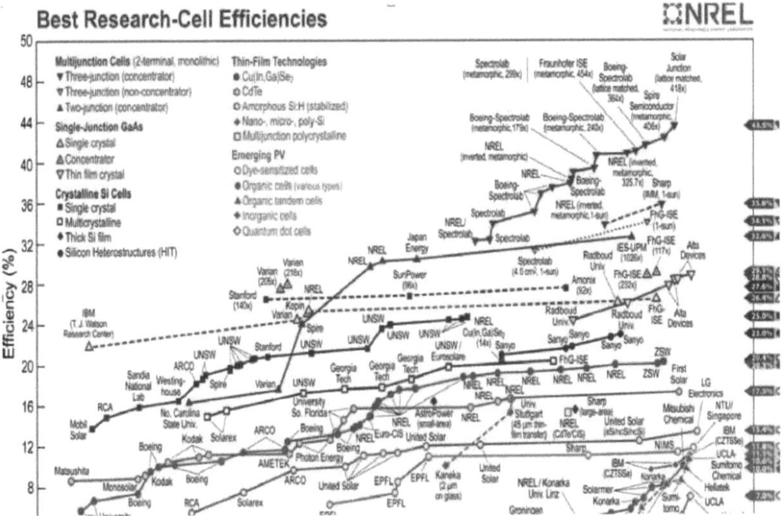

Figura 1.6 a melhor investigação - Eficiência celular para todos os tipos de células solares
(Fonte: National Renewable Laboratory em 2013)[55]{NREL LICENSE}

Capítulo 2
Antecedentes
2.1 Células solares orgânicas e suas limitações

Nas células solares orgânicas, foram utilizados dois materiais orgânicos fotoactivos com desvios de banda de energia bem combinados como dador e aceitador de electrões, respetivamente, para garantir uma separação eficiente das cargas e a conversão da luz solar em energia eléctrica. As células solares orgânicas estão a atrair cada vez mais a atenção graças à forte absorção de luz e à geração eficiente de fotocorrentes, para além da elevada produtividade a baixo custo [56-59]. Numerosos polímeros orgânicos são compostos promissores para dispositivos fotovoltaicos devido ao seu coeficiente de absorção muito elevado. Mas as células solares orgânicas sofrem frequentemente de baixa eficiência de conversão de energia, instabilidade e baixo transporte de carga. Os comprimentos de difusão típicos dos excitões são cerca de 10 nm inferiores à espessura do absorvente (cerca de 100 nm, o que é essencial para uma absorção eficiente da luz que chega). Foram envidados esforços consideráveis para otimizar as estruturas de heterojunção orgânica-inorgânica em massa, a fim de ultrapassar os baixos comprimentos de difusão dos excitões [60]. A morfologia aleatória da rede interpenetrante e a segregação das fases do tipo dador e aceitador conduzem a uma fraca eficiência de recolha de carga da heterojunção em massa. Isto leva a caminhos não contínuos para o transporte de electrões que podem efetivamente prender os portadores de carga [61].

2.1.1 Células solares híbridas orgânicas/inorgânicas

Sendo um polímero do tipo p e um material orgânico importante para as células solares, o poli (3-hexiltiofeno) (P3HT) tem baixa condutividade e eficiência na recolha de carga. Para melhorar as propriedades eléctricas, foi utilizado um compósito de grafeno-P3HT como coletor de orifícios [62]. Até à data, a eficiência das células polimérico-inorgânicas baseadas em nanobastões de ZnO e P3HT está ainda longe de ser satisfatória [63] devido à fraca separação de cargas na interface de junção, que pode ser melhorada através de uma modificação da superfície dos nanobastões de ZnO por moléculas orgânicas [64-65].

As estruturas de heterojunção híbridas orgânicas e inorgânicas possuem vantagens herdadas de ambos os tipos de materiais, tais como o elevado transporte de cargas nos materiais inorgânicos e a elevada absorção e baixo custo de processamento dos materiais orgânicos com flexibilidade intrínseca. Devido às suas propriedades únicas, têm amplas aplicações optoelectrónicas, como os díodos emissores de luz (LED) e a energia fotovoltaica. [66] Como semicondutor de grande intervalo de banda,

As películas finas e nanoestruturas de ZnO têm sido amplamente investigadas para aplicações em células solares como materiais de janela e como camada ativa do tipo n[67]. [67] O ZnO tem muitas vantagens, como a facilidade de deposição, o baixo custo, a ausência de toxicidade e a transparência na região do visível. Em comparação com outras morfologias, como os nanocristais, os nanofios e as nanoplacas, os nanofios de ZnO são mais adequados para o fabrico das células solares da próxima geração, porque estes nanofios podem ser utilizados para melhorar a separação de cargas na interface de junção, para melhorar a recolha de cargas no nanoelectrodo e para aumentar a absorção de luz devido aos efeitos de aprisionamento. Os nanofios de ZnO distribuídos aleatoriamente foram incorporados em polímeros para formar estruturas de nano-casca de ZnO/polímero auto-montadas, a fim de aumentar a área de junção [68-70]. Embora as interfaces de junção possam ser significativamente melhoradas nestas configurações de junção em massa, uma das principais desvantagens é o transporte ineficiente de carga através destas estruturas, uma vez que as nanopartículas ou nanobastões incorporados estão isolados do elétrodo posterior. Para ultrapassar esta barreira, foram utilizadas matrizes de nanofios de ZnO alinhados verticalmente, incorporados em polímeros e materiais inorgânicos, para facilitar a recolha eficiente de cargas devido ao seu contacto direto com o elétrodo [71-72]. As matrizes de nanofios de ZnO também têm sido amplamente utilizadas em células solares sensibilizadas por corantes [73].

2.1.2 Nanoestrutura de carbono/compósito de nano polímero

Os nanotubos de carbono (CNT) têm sido alvo de um interesse crescente em aplicações avançadas graças às suas propriedades estruturais, térmicas, mecânicas e electrónicas únicas [74,75]. Um dos exemplos são os nanocompósitos CNT-polímero, que consistem na incorporação das propriedades atractivas dos CNT numa matriz de estrutura polimérica como hospedeiro. Em comparação com os nanofios metálicos de dimensões semelhantes, os nanotubos de carbono de paredes múltiplas (MWNT) mostraram as suas vantagens em atuar como matriz condutora nos nanocompósitos devido à sua flexibilidade mecânica e elevada capacidade de transporte de corrente [76]. Até à data, foram considerados diferentes tipos de polímeros para produzir compósitos MWNT-polímero para várias aplicações. [77,78]. Em comparação com outros polímeros condutores semi-flexíveis em barra e semicondutores orgânicos, a polianilina (PANI) é fácil de sintetizar, tem baixo custo, boa processabilidade, estabilidade ambiental, química de dopagem simples, um mecanismo de condução ativo único e controlo reversível da condutividade por dopagem por transferência de carga e protonação [79,80]. A produção de PANI é relativamente simples, mas o seu mecanismo de polimerização eletroquímica e a natureza exacta da química de oxidação não são totalmente compreendidos. A PANI tem um elevado potencial de aplicação em blindagem contra interferências electromagnéticas, sensores moleculares, dispositivos ópticos não lineares, baterias secundárias, ecrãs electrocrómicos e dispositivos microelectrónicos [81, 82]. Recentemente, foram sintetizados nanocompósitos contendo PANI e CNTs utilizando polimerização em emulsão e polimerização eletroquímica [83,84]. Verificou-se que os CNTs estavam ligados às cadeias de PANI e aumentaram a condutividade dos compósitos com a carga de CNTs [30].

A incorporação de MWNTs em PANI ajuda a aumentar a conversão de energia das células solares de nanocompósitos. Os CNT oferecem caminhos eficientes para o transporte de cargas nos nanocompósitos, graças à sua excelente condutividade (10 -10^{-5-8} S.m^{-1}) combinada com um elevado rácio de aspeto (atingindo 100-1000 mm de comprimento para CNT de parede simples e para CNT de parede múltipla) [86-87]. A melhoria das propriedades eléctricas, mecânicas e térmicas com CNTs ou
grafeno permitem a obtenção de compósitos multifuncionais [89-90]. A interação única entre o polímero condutor e os CNT melhora a flexibilidade e o reforço dos materiais poliméricos. O poli (3-hexailtiofeno) (P3HT) produzido através da polimerização in situ em MWNTs leva ao aumento da condutividade dos nanocompósitos [91]. Aumento da eficiência de conversão de energia para o corante, N-(1-pirenil) maleimida (PM), utilizando nanocompósitos de nanotubos de carbono de parede simples (SWNTs) funcionalizados com poli (3-octiltiofeno) (P3OT) como elétrodo de contacto para as células solares sensibilizadas por corante para diferentes cargas de SWNT-polímero como materiais catalíticos para células fotovoltaicas. O aumento da eficiência de conversão de energia deveu-se à melhor transferência de portadores de carga entre os SWNTs e os compósitos P3HT-CNT.

2.1.3 Corante orgânico e eléctrodos de óxido de metal para DSSCs

As células solares sensibilizadas por corantes (DSSCs), devido ao seu fácil processo de fabrico, baixo custo de fabrico e eficiência de conversão relativamente elevada, têm atraído muita atenção nas últimas duas décadas [92]. A melhoria da eficiência das DSSC tem sido um dos objectivos da investigação, a fim de competir com as fontes de energia tradicionais e com outras tecnologias de células solares. Neste tipo de células solares fotoquímicas, o fenómeno de fotoexcitação no corante resulta na inserção de electrões na banda de condução dos materiais de óxido metálico. O eletrólito fornece uma doação de electrões ao corante para que este regresse ao seu estado fundamental e a doação subsequente do contra-elétrodo conduzirá ao fluxo de electrões através do circuito externo. Entre as muitas camadas de óxido utilizadas nas DSSC, como o ZnO, Nb2O5, ou TiO2, o dióxido de titânio é considerado uma das melhores escolhas devido à taxa de injeção ultraelevada entre o corante e o TiO2 ($\sim 10^{12}$ s^{-1}), que é muito mais rápida do que a taxa de decaimento do próprio corante [93]. Além disso, é também relativamente mais barato do que alguns dos outros óxidos e mais estável contra ambientes físicos e químicos.

Um dos principais problemas para limitar uma maior eficiência de conversão de energia é o transporte de electrões através da rede de partículas na nanoestrutura [94]. O contra-elétrodo tem muitos limites de grão através da transferência de electrões num caminho aleatório, pelo que não é suficiente aumentar a área de superfície dos eléctrodos para aumentar a eficiência da conversão de energia, o que leva ao aumento da sua taxa de recombinação [95]. Os recentes desenvolvimentos no fabrico e processamento de CNT oferecem um enorme potencial para a utilização de nanocompósitos e nanoestruturas de CNT com eletrónica orgânica para interação eletrónica e melhorar o fluxo e a injeção de electrões fotogerados e a extração em DSSC. As vantagens da utilização de CNT no transporte e injeção de cargas decorrem das suas propriedades únicas, tais como serem quimicamente inertes e terem boa resistência mecânica. Para melhorar o fluxo, o transporte e a injeção de mais electrões na superfície do elétrodo, as redes de CNT podem ser utilizadas como suportes para ancorar nanopartículas semicondutoras de captação de luz, como o CdSe e o CdTe [96]. Por exemplo, a injeção de carga de CdS excitado em nanotubos de carbono de parede simples (SWNTs) foi reconhecida como conduzindo à excitação de nanopartículas de CdS [97]. Outros materiais nas superfícies dos eléctrodos, incluindo a porfirina e o fulereno C_{60}, também mostraram um impacto positivo na eficiência da fotoconversão das células solares [98]. A capacidade dos SWCNTs para facilitar o transporte de electrões e aumentar a eficiência da conversão de energia das DSSCs deve-se à capacidade de aceitação de electrões dos SWCNTs, o que constitui uma boa oportunidade para utilizar os CNT na aplicação das DSSCs. Recentemente, foram também investigadas as propriedades catalíticas dos nanotubos de carbono de paredes múltiplas (MWNT), o que mostra que a eficiência de conversão das células solares que utilizam MWNT revestidos de TiO2 como elétrodo pode ser aumentada em cerca de 50% em comparação com uma célula convencional baseada em TiO2 puro [99].

2.1.4 Células solares de nanofios híbridos e de heterojunção em massa.

Uma célula solar híbrida típica consiste num material inorgânico com uma grande área de superfície e um absorvente orgânico condutor, que pode ser um material orgânico condutor de buracos ou uma mistura de condutores orgânicos de electrões e buracos [100]. São utilizadas duas técnicas para estabelecer a interface entre materiais fotovoltaicos inorgânicos e orgânicos. O primeiro método deposita uma suspensão de nanopartículas ou nanobastões inorgânicos numa solução polimérica; o segundo método deposita os materiais orgânicos em nanoestruturas de materiais inorgânicos, como nanobastões ou nanopartículas [101]. As nanopartículas inorgânicas utilizadas no primeiro método podem ser formadas numa vasta gama de formas, tamanhos e materiais [102], o que é benéfico para a aplicação fotovoltaica devido às propriedades dependentes do tamanho resultantes dos efeitos de confinamento quântico. Estes tipos de dispositivos são ainda limitados pelo processo descontínuo de transporte de carga através do salto de electrões entre as nanopartículas [101]. Por conseguinte, é necessária uma morfologia nanoestrutural que possa proporcionar vias de transporte de portadores de carga para os eléctrodos sem recombinação.

Neste tipo de células solares, os óxidos metálicos nanoestruturados são primeiro fabricados através de vários métodos e depois filtrados com materiais orgânicos [103-105]. Uma vez que as mobilidades dos óxidos metálicos são significativamente mais elevadas do que as dos materiais orgânicos [106], oferecem uma via ultra-rápida para o transporte de portadores de carga. A dinâmica do transporte de carga dos dispositivos é melhorada modificando a superfície dos óxidos metálicos para reduzir a recombinação dos portadores de carga, bem como controlando o espaçamento das nanoestruturas próximo do comprimento de difusão do excitão [107]. Os óxidos metálicos são benéficos para as células solares híbridas não só devido à sua elevada mobilidade para um melhor transporte de carga, mas também devido às suas várias nanoestruturas aplicadas à heterojunção ordenada, que podem melhorar eficazmente a dissociação do excitão. Por conseguinte, o desempenho do dispositivo pode ser significativamente melhorado com a aplicação de óxidos metálicos. Uma vez que as células solares têm de cumprir todos os requisitos de um nicho de mercado, como o tempo de vida, a eficiência e os custos, as células solares híbridas apresentam vantagens notáveis, tanto em termos de estabilidade como de baixo custo.

Uma célula solar híbrida está a formar regiões de deposição para os díodos de semicondutores orgânicos e nanoestruturas inorgânicas [108]. As células solares híbridas foram concebidas como alternativas às estruturas de dispositivos de heterojunção em massa e de bicamada orgânica para resolver o problema da limitação da espessura devido aos baixos comprimentos de difusão dos excitões dos semicondutores orgânicos [109]. Além disso, o sistema híbrido orgânico/inorgânico [111,110-114] abriu novas oportunidades para o fabrico e desenvolvimento de futuras células solares eficientes, novos dispositivos e tecnologias e um estudo da morfologia tridimensional [60]. Muitas teorias e conceitos novos estão associados à combinação de polímeros dadores do tipo p com nanoestruturas inorgânicas aceitadoras do tipo n, tais como CdSe, [111,112,117] TiO2 [101], [106,115,109-111] e ZnO [113-116,118]. As nanoestruturas semicondutoras inorgânicas tridimensionais (3-D) ou nanobastões, nanoesferas e nanoplacas estão entre alguns dos nanomateriais mais atractivos para os dispositivos de células solares, porque proporcionam um caminho direto para o transporte de cargas e funcionam como não-electrodos para recolher mais cargas e lidar com a limitação da espessura dos materiais orgânicos [119]. Para além das suas elevadas mobilidades de portadores, processabilidade eletroquímica, estabilidade térmica e ambiental, e uma elevada afinidade eletrónica para acomodar a injeção de carga necessária a partir do material doador orgânico complementar. Os nanofios de ZnO são o melhor exemplo disto em materiais semicondutores orgânicos que têm sido utilizados na aplicação de células solares híbridas [113-116], [118,120] As células solares híbridas de poli (3-hexiltiofeno) (P3HT)/nanofios de ZnO são um exemplo de células solares de estrutura híbrida que atingiram eficiências de conversão de energia de 0,02 a 2%. [114,120,121] As células solares híbridas de fratura produziram eficiências próximas das da bicamada orgânica e inferiores às da hetrojunção orgânica em massa, apesar dos esforços maciços nesta área de investigação, devido à questão das propriedades eléctricas na separação e/ou transporte de cargas interfaciais em dispositivos híbridos de nanofios, que só é parcialmente compreendida [116-117, 121].

2.2 Vantagens e limitações da combinação orgânica/inorgânica

Os óxidos metálicos são benéficos para as células solares híbridas que inverteram as células solares, não só devido à sua elevada mobilidade para um melhor transporte de carga, mas também devido às suas várias nanoestruturas aplicadas para a heterojunção ordenada, que podem melhorar eficazmente a dissociação de excitões. Por conseguinte, o desempenho do dispositivo pode ser significativamente melhorado com a aplicação de óxidos metálicos.

Dado que as células solares têm de cumprir todos os requisitos do mercado, como o tempo de vida, a eficiência e os custos, as células solares híbridas apresentam vantagens notáveis, tanto em termos de estabilidade como de baixo custo. Ao utilizar os óxidos metálicos como ânodo, é possível utilizar metais como eléctrodos de topo e evitar as perdas de desempenho causadas pela oxidação do contacto de topo [122], pelo que a estabilidade dos dispositivos no ar pode ser melhorada. Uma vez que o processo de fabrico envolve oxigénio e que o elétrodo metálico é estável ao ar, não é necessário um armário com luvas de azoto para a preparação de células solares híbridas invertidas. Isto pode reduzir drasticamente o custo do fabrico em grande escala. Além disso, a utilização de óxidos metálicos baratos em vez de materiais condutores orgânicos dispendiosos pode baixar ainda mais o preço de produção. As eficiências das células solares híbridas ainda não são satisfatórias, com um valor mais elevado de 0,74% registado para o dispositivo de duas camadas ZnO-P3HT [123] e 3-4% para o dispositivo de modelo de mistura-TiO2 [64]. Uma das razões para a baixa eficiência é possivelmente causada pela degradação dos materiais orgânicos devido à presença de oxigénio. Foi relatado que o pó de TiO2 é altamente oxidante, quando iluminado por UV através da fotogeração de um processo de par eletrão-buraco, que pode efetivamente oxidar a maioria dos materiais electrónicos orgânicos e polímeros isolantes. Esta fotogeração de buracos afecta negativamente a superfície dos grupos hidroxilo para gerar $TiOH^+$ que reage novamente e degrada os compostos orgânicos [124]. Outra limitação é atribuída à condição de alta temperatura durante o processo de fabrico, uma vez que é necessário que os óxidos metálicos sejam cristalinos. No caso do fabrico de películas de TiO2, a temperatura habitualmente utilizada é de 450 °C, o que limitará certamente a sua aplicação em substratos flexíveis.

2.3 Questões a abordar com os nanobastões de ZnO

O desempenho das células solares híbridas de nanobastões de ZnO e polímeros é fraco. A eficiência de conversão de energia mais elevada, por exemplo, foi registada como sendo de cerca de 5% para a mistura de P3HT: PCBM [125]. A eficiência cai para 2,7% quando são utilizados nanobastões de ZnO [126] devido ao problema da propriedade eléctrica na interface das regiões de depleção inorgânica/orgânica. A propriedade eléctrica da região de depleção, que se encontra na interface inorgânica/orgânica, é um problema importante nas células fotovoltaicas híbridas. Além disso, a separação de cargas nos nanobastões de ZnO é muito baixa. A cobertura dos nanobastões de ZnO com moléculas orgânicas ou TiO2 para os nanobastões de P3HT/ZnO foi sugerida para melhorar a separação de cargas, uma vez que se sabe que estes dividem facilmente os exotões [127]. O dispositivo das células solares híbridas de nanobastões de P3HT/ZnO pode ser melhorado 5 vezes em termos de eficiência de conversão de energia quando se reveste as matrizes de nanobastões de ZnO com uma fina camada de TiO2 utilizando a deposição de camadas atómicas (ALD) [127]. O TiO2 e o ZnO têm ambos os mesmos "band gaps" (3,2 eV) e as mesmas energias de borda de banda [15]. mas têm morfologias de superfície muito diferentes, fisicamente e quimicamente, tais como dopagem e resistividades [65]. Por exemplo, a resistividade dos nanobastões de ZnO é de 1 Ohm.cm [66] e a do ALD TiO2 é de 10 - 10^{34} Ohm.cm [127]. Outro grupo trata das baixas eficiências dos nanobastões de ZnO modificando a superfície das matrizes de nanobastões de ZnO com uma camada de C60 antes da deposição de P3HT: PCBM. Verificaram que os nanobastões de ZnO modificados pela camada de C60 melhoram o PCE em cerca de 40% [126] devido ao aumento da taxa de dissociação de excitões, como sugerido pela redução do tempo de vida do decaimento do PL, e à redução da densidade superficial dos nanobastões de ZnO [126]. No nosso projeto, modificámos as matrizes de ZnO NW com porfirina para aplicações em células solares NW híbridas. Verificou-se que a modificação da superfície de ZnO com porfirina melhora o desempenho da célula em termos de tensão de circuito aberto e corrente de curto-circuito [128], devido a um melhor alinhamento dos níveis de energia entre ZnO e P3HT, a uma maior injeção de carga nas interfaces de junção, a uma eficiente recolha de electrões através das matrizes de NW de ZnO e à recolha de buracos.

2. 4Objectivos

O principal objetivo desta dissertação é desenvolver novas aplicações de novos materiais nanoestruturados (nanotubos de carbono, grafeno e outros materiais nanoestruturados) para aplicações de células solares de baixo custo. Os dispositivos fotovoltaicos que utilizam materiais orgânicos-inorgânicos são aplicados em células solares sensibilizadas por corantes, de junção p-n e híbridas.

Capítulo 3
Abordagem técnica
3.1. Preparação de materiais
3.1.1- polimerização lectroquímica e nanocompósito PANI/MWNT

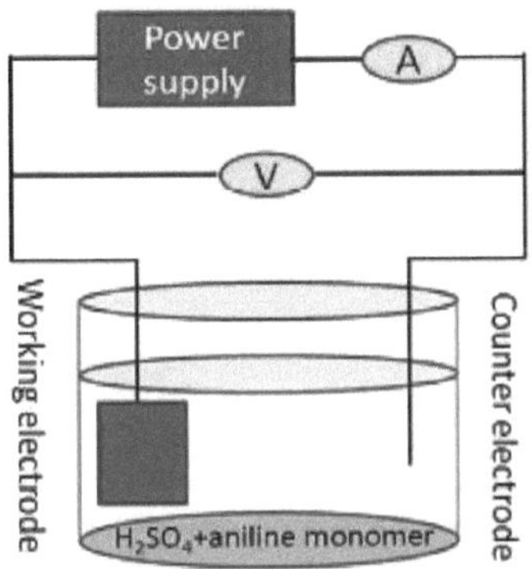

Figura 3.1A descrição da célula eletroquímica utilizada para preparar a PANI.

O monómero de anilina foi destilado duas vezes sob pressão reduzida antes de ser utilizado. A polianilina foi sintetizada dissolvendo 0,1 M de monómero de anilina em ácido sulfúrico 1 M pelo método galvanostático a uma tensão constante de 3 V. O elétrodo de trabalho foi um vidro ITO comercial com uma área de superfície de 1,5 cm^2. Foi utilizado um clip de papel como contra-elétrodo. A quantidade de polianilina electrodepositada foi estimada pesando o elétrodo de trabalho antes e depois da eletrodeposição. A Figura 3.1 é uma descrição esquemática da célula eletroquímica.

Os MWNT utilizados neste trabalho foram preparados por deposição química de vapor de acetileno num sistema catalítico bimetálico Fe-Co (2,5:2,5wt %)/MgO, tal como descrito noutro local [133].
Os MWNTs assim produzidos foram colocados num forno a 350 °C durante 2 horas para queimar carbono amorfo, sendo depois purificados por refluxo em HCl e em água desionizada, respetivamente, durante 24 horas. Finalmente, os materiais obtidos foram secos a 100 °C durante 24 horas. O nível de pureza do produto final foi superior a 97%. Os MWNTs purificados foram dispersos em Dimetilformamida (DMF, 0,2 mg/ml) e aplicados com aerossol em lâminas de vidro revestidas com ITO com uma área de superfície de 1,5 cm^2. As lâminas de vidro ITO foram limpas com acetona sob sonicação e lavadas com 2-propanol antes de serem utilizadas.

O monómero de anilina foi polimerizado electroquimicamente nas lâminas de vidro ITO revestidas com MWNT. O vidro ITO revestido com MWNT foi utilizado como elétrodo de trabalho. O tempo de polimerização típico utilizado neste estudo foi de 3 minutos a 2 V. As películas finas resultantes do compósito PANI-MWNT foram lavadas com água desmineralizada.

3.1.2- Preparar nanoestruturas de ZnO (películas, nanobastões)
3.1.2.1 Método eletroquímico (películas, nanobastões)

As matrizes de NW de ZnO alinhadas verticalmente foram fabricadas em substratos de vidro FTO ou ITO (SPI Supplies) através de um método eletroquímico a baixa temperatura[134] e foram normalmente preparadas num processo em duas fases. Em primeiro lugar, uma camada de películas finas de ZnO foi cultivada nos substratos de vidro FTO ou ITO utilizando nitrato de zinco 0,05 M (Alpha Aessar) dissolvido numa mistura de água desionizada e metanol (50:50). A temperatura de crescimento foi mantida a 70 °C e o tempo de crescimento foi de 5 min sob uma tensão aplicada de

-2,5 V com dois eléctrodos de Au, um dos quais foi ligado ao vidro FTO ou ao substrato de vidro ITO como elétrodo de trabalho e o outro foi utilizado como contra-elétrodo. Foi depositada uma película fina de cerca de 100-200 nm. Na segunda etapa, as matrizes de ZnO NW foram cultivadas sobre a película de Au.

ZnO utilizando um eletrólito contendo 0,01 M de nitrato de zinco e 0,01 M de hexametilenotetramina em água desionizada. O crescimento foi realizado a 95 °C com um potencial aplicado de -2,6 V entre o elétrodo de trabalho e o contra elétrodo.

3.1.2.2 Preparação de ZnO (películas, nanobastões) pelo método hidrotérmico

Eletrólito contendo 0,35 M de acetato de zinco di-hidratado e 2-metoxietanol como solvente, com um volume de solução de 50 ml. A solução deve ser aquecida a 60° C numa placa quente com agitador a cerca de 200 rpm durante 2 horas. Este aquecimento/agitação produz uma solução clara e homogénea que é deixada arrefecer até à temperatura ambiente e repousar durante 2 dias antes de ser utilizada. Quando a solução de ZnO estiver pronta, pode ser aplicada ao substrato escolhido (vidro ITO) com o spin coater a rodar a 3000 rpm durante 30 segundos, retirar o substrato do spin coater e secar numa placa quente a 500-600 °C durante 1 hora. Este processo produz uma espessura de película de cerca de 50-70 nm. As matrizes de ZnO NW alinhadas verticalmente serão fabricadas em substratos de vidro ITO (SPI Supplies) por métodos hidrotérmicos [135]. Na segunda etapa, a película fina de vidro ITO-ZnO suspensa horizontalmente de cabeça para baixo num copo contém uma solução aquosa precursora de nitrato de zinco (0,025 M) e hexametilenotetramina (0,025 M) a 95° C, os substratos são retirados do copo após 60 minutos e cuidadosamente lavados com água destilada durante várias vezes para remover quaisquer sais residuais ou complexos de amino e finalmente secos ao ar à temperatura ambiente.

3.1.3- Preparar películas de grafeno de 5 wt% de mistura de P3HT nanocompósito

misturar 10 mg de P3HT e 5 % em peso de grafeno dissolvê-los em 1 ml de clorofórmio e, em seguida, utilizar um agitador de banho durante 30 minutos, depois um feixe magnético durante 24 horas a 60° C para dispersar o grafeno com P3HT e, finalmente, utilizar um spin coater a 2000 rpm para obter uma película fina uniforme de nanocompósito na parte superior do vidro ZnO NW /ITO em vidro ou em bolacha de silício para medições como UV, IR, espetroscopia Raman e espetroscopia de fotoluminescência.

3.1.4- Preparar película fina de sulfureto de cádmio:

No nosso projeto, o CdS foi depositado numa película fina de TiO2 ALD por deposição em banho químico (CBD) utilizando uma solução contendo 0,0534 g de Cd (CH3CO2)2 e 0,030 g de CH3CSNH2 dissolvidos em 100 ml de água desionizada. O eletrólito foi aquecido a 80° C, utilizando uma placa de aquecimento enquanto se agitava. O tempo de crescimento variou de 3 min a 180 min para o crescimento de nanocristais de CdS com diferentes tamanhos de cristais.

3.1.5- Preparar P3HT por polimerização de Sit química

O P3HT foi sintetizado por polimerização química do monómero 3-hexiltiofeno (3HT) na presença de FeCl3 anidro à temperatura ambiente, [136] e o FeCl3 anidro (10 mmol) foi colocado num frasco de 3 gargalos com 50 mL de CHCl3. A suspensão foi agitada durante 15 h sob fluxo de azoto. Em seguida, o monómero 3HT (2,5 mmol) foi adicionado à suspensão e a mistura foi agitada durante mais 24 h. A solução resultante foi transferida para uma mistura de metanol-HCl (9:1 v/v), que foi agitada durante 5 min. Os precipitados negros foram então filtrados utilizando uma membrana de Teflon com poros de 25 nm. O sólido negro obtido foi lavado numa unidade de extração de Soxhlet com metanol durante 60 h.

O grafeno foi adicionado ao P3HT misturando 0,1 g de P3HT e 5 mg de grafeno (da Cheap Tubes®) em 1 ml de tetra-hidrofurano (THF) para ser sonicado a 60 °C durante 2 h. Em seguida, os nanocompósitos G-P3HT estavam prontos a ser utilizados.

3.1.6- Enxerto de superfície e preparação de células solares

A tetra (4-carboxifenil) porfirina (TCPP) foi adquirida à Sigma Aldrich e utilizada tal como recebida, sem qualquer outra purificação. O corante TCPP de 0,0002 M foi dissolvido em THF à temperatura ambiente. Depois de as NWs FTO/ZnO terem sido imersas na solução de TCPP durante a noite, os nanofios de ZnO enxertados com TCPP foram lavados com água desionizada e secos com azoto gasoso.

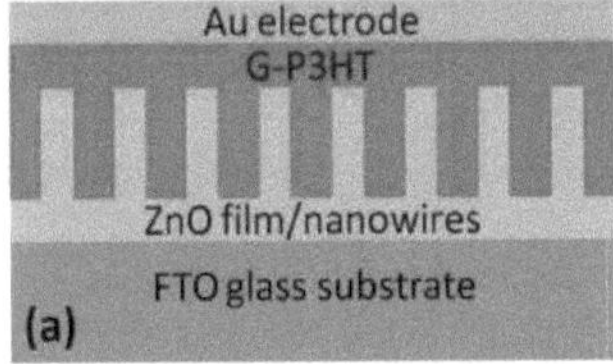

Figura 3.2 Diagrama esquemático das células solares híbridas orgânico-inorgânicas que utilizam a superfície ZnONWs modificados e P3HT ou G-P3HT

A estrutura das células solares híbridas contendo matrizes de NW de ZnO e polímero é apresentada na Figura 3.2. Foram fabricadas depositando compósitos de P3HT ou G-P3HT sobre as matrizes de NW de ZnO enxertadas com TCPP através de um processo de revestimento por rotação a uma velocidade de 1000 rpm durante 1 min. Em seguida, as amostras foram recozidas a 110 °C durante 120 minutos para melhorar a infiltração do polímero. Um elétrodo de contacto de 50 nm de Au foi depositado sobre a superfície do polímero por evaporação térmica à temperatura ambiente.

3.2 Caracterização dos materiais

3.2.1 Microscopia eletrónica de varrimento (SEM)

O SEM foi utilizado para monitorizar a dinâmica de crescimento e a estrutura e morfologia resultantes dos nanofios de ZnO, especialmente os seus comprimentos, tamanho e orientação. A caraterização é efectuada com uma tensão de aceleração de 2-5 kV e uma distância de trabalho de 110 mm. Para as vistas de SEM em secção transversal, as amostras foram riscadas na parte de trás com uma caneta de diamante e partidas. As amostras para as vistas de topo foram coladas a um suporte de SEM com fita de carbono para as descarregar do feixe de electrões. As imagens SEM permitirão avaliar as espessuras das amostras e as taxas de crescimento, e também avaliar as secções transversais das células solares, uma vez que a propriedade mais importante das células solares orgânicas é a sua espessura. O SEM também mostra a topografia da superfície da película fina de polímero condutor e do nanobastão de ZnO. As propriedades da topografia afectam a área de junção e o desempenho das células solares.

3.2.2 Difração de raios X (XRD):

A difração de raios X (DRX) é utilizada para estudar a composição das fases e a estrutura cristalina dos materiais através da utilização de radiação electromagnética com um comprimento de onda de apenas alguns angstroms. O princípio da DRX está relacionado com o efeito de difração que interage entre os raios X e a matéria, utilizando a condição de Bragg como:

$$n\lambda = 2d\sin\theta \qquad (3.1)$$

O valor n indica a ordem da difração, θ é o ângulo de incidência, λ é o comprimento de onda dos raios X e d é a distância plano a plano. A equação de Bragg descreve a relação entre a difração e a distância plano a plano, d. A intensidade e a localização dos picos de difração dependem do tipo e da disposição dos átomos nos cristais.

O XRD será utilizado para fornecer várias informações importantes para a caraterização do material ZnO, PANI, NiO, TiO2, CdS, N719 e porfirina. Em primeiro lugar, estabelecerá que materiais cristalinos estão presentes na amostra em estudo. No caso dos nanofios de ZnO, haverá mais do que uma orientação cristalina para materiais de espessura semelhante. O grau de cristalinidade pode ser explorado comparando a intensidade de cada pico de orientação nos espectros de XRD. Isto pode ajudar a determinar a condição óptima de crescimento para obter materiais de ZnO com a melhor qualidade cristalina. Finalmente, comparando a posição do pico da orientação cristalina dominante, é fácil observar uma mudança correspondente na posição dos picos de orientação cristalina nos espectros XRD sob diferentes condições de crescimento. O XRD é também utilizado para determinar as propriedades cristalinas dos nanofios de ZnO, do polímero condutor, do óxido de níquel e do CdS, tais como a orientação dominante e o grau de cristalinidade, que revelam informações sobre a estrutura cristalina, a composição química e as propriedades físicas dos materiais e das películas finas.

3.2.3 Volametria cíclica (CV) e espetroscopia de impedância
3.2.3.1 Voltametria cíclica (CV)

A análise CV é utilizada para estudar processos electroquímicos e reacções electroquímicas. Para este trabalho, fornecerá um meio para investigar a junção de bi-camada ou díodo shotcky utilizando o princípio Shotcky MOTT. A CV também é utilizada para monitorizar a dinâmica da deposição eletroquímica, sobretudo os efeitos dos dopantes no comportamento da solução electrolítica, e a polimerização eletroquímica de PPY, PT, PANI e P3HT.

3.2.3.2 Espectroscopia de impedância:

A medição da espetroscopia de impedância (IS) é um método útil para distinguir os processos físicos de transferência de portadores de carga em OPVs. Na medição IS, a tensão alternada aplicada V (t) responde com uma polarização e/ou uma corrente alternada I (t). A polarização é induzida por razões típicas, tais como a polarização atómica, iónica e de orientação, ou por uma multiplicidade de processos físicos, *por exemplo,* a transferência de carga nas interfaces, limites de grão e impurezas nos materiais. Diferentes polarizações respondem com uma constante de tempo caraterística (determinada frequência) causada por um comportamento de relaxamento, levando a uma mudança de fase entre I (t) e V (t) e a uma determinada amplitude de corrente. O rácio entre ambas as quantidades é a impedância dependente do tempo.

$$Z(t) = \frac{V(t)}{I(t)} \qquad (3.5)$$

A espetroscopia de impedância eletroquímica foi utilizada para calcular e estudar o comportamento da resistividade interna das células solares. As curvas sólidas que são simulações utilizando um circuito equivalente que consiste numa resistência em série RS, uma resistência de transferência de carga
RCT, uma capacitância de camada dupla C e a impedância de Warburg R1. Os dados experimentais foram ajustados com o circuito equivalente. A atividade catalítica dos materiais utilizados como contra-elétrodo em DSCs foi medida por EIS no mesmo eletrólito de células solares de iodeto-triiodeto ou células solares de heterojunção. Com uma gama de frequências de 0,005-1MHz, o sinal alternado tinha uma amplitude de 10 mV. As medições de impedância foram efectuadas a 0,3 V. Estas medições podem quantificar diretamente a resistência de transferência de carga RCT associada à redução do eletrólito, que fornece a informação das propriedades de impedância da célula solar. Os espectros EIS obtidos em células em que os espectros mostram quase um semicírculo ou um duplo semicírculo caracrético dependem do número de dispositivos de células solares de camada. O circuito equivalente inclui a resistência em série Rs, a impedância de Warburg W, a capacitância de dupla camada C e a resistência de transferência de carga R.

3.2.5 Espectroscopia de fotoluminescência (PL):

A PL é uma ferramenta extremamente poderosa para estudar as propriedades ópticas de vários materiais, expondo o material de interesse a uma fonte de excitação externa, como um laser; a luz emitida pela amostra (fotoluminescência) é analisada quanto à intensidade em função do comprimento de onda. Neste trabalho, a análise será efectuada utilizando um laser de He-Cd (2 mW a 325 nm) e um espetrómetro Horiba Jobin Yvon acoplado a uma câmara CCD. A PL pode ser utilizada para determinar o intervalo de banda ótica e os defeitos. É uma técnica importante para medir a pureza e a qualidade cristalina dos semicondutores. Para além disso, a PL é uma ferramenta importante para explorar os efeitos de outros defeitos radiativos e as energias de ionização dos dopantes. Por conseguinte, a compreensão destas propriedades é necessária para uma integração bem sucedida dos dispositivos. Comparando as alterações observadas nas propriedades ópticas com informações provenientes de outras técnicas de caraterização, é possível identificar mais facilmente as relações de causa e efeito na determinação das propriedades globais dos materiais.

3.2.6 Medições de corrente-tensão (I-V)

A curva I-V é um método importante e amplamente utilizado para medir a eficiência da conversão de energia. É utilizada para explorar as principais caraterísticas das células solares, tais como a eficiência da conversão de energia, o fator de enchimento, a tensão de circuito aberto e a corrente de curto-circuito sob a intensidade de luz de AM 1,5 (~100mW/cm^2). As caraterísticas J-V dos dispositivos foram medidas com uma unidade de medição de fontes Keithley 2400, utilizando um simulador solar de 100 mW/cm^2 (AM 1,5 G). Este simulador é utilizado para medir o desempenho das células solares e o comportamento de retificação da junção *p-n*.

3.3 Fabrico de células solares

3.3.1 Células solares de corantes orgânicos/nanocristais inorgânicos

A estrutura das células solares sensibilizadoras de duas camadas Quantum Dote (QD) é apresentada esquematicamente na Figura 3.3. Utiliza um substrato de vidro FTO revestido com uma fina camada de TiO2. Em seguida, são cultivados QDs de CdS no topo da camada de TiO2, seguidos de outra camada de nanocristais de TiO2. A célula solar é fabricada juntando este substrato e outro vidro FTO revestido com catalisadores de PANI ou platina.

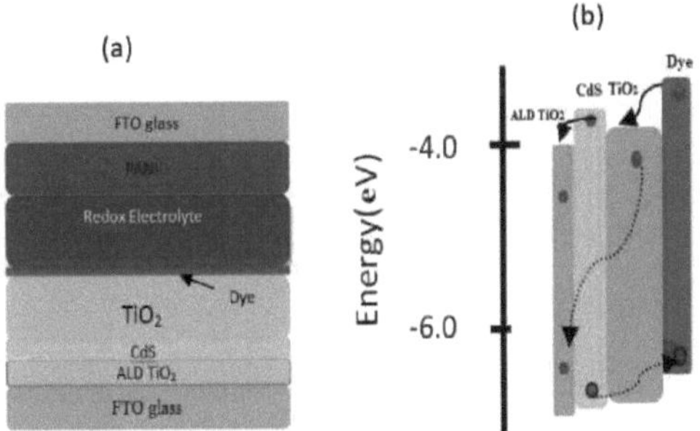

Figura 3.3 Estrutura esquemática das células solares sensibilizadas por pontos quânticos de CdS (a) e o correspondente alinhamento energético do elétrodo multicamada (b). Em (b), ALD TiO2, e TiO2.

Todos os produtos químicos e solventes utilizados neste estudo foram adquiridos à Aldrich e utilizados tal como foram recebidos. As películas de PANI foram cultivadas em vidro FTO utilizando uma polimerização eletroquímica do monómero de anilina (0,1 M da Sigma Aldrich) destilado duas vezes sob pressão reduzida e dissolvido em ácido sulfúrico [5]. O tempo típico de polimerização usado neste estudo foi de 3 minutos sob 2 V. As películas finas de PANI resultantes foram lavadas com água desionizada.

Foram depositadas películas finas de TiO2 de 50 nm em vidro FTO por deposição de camada atómica (ALD). Em seguida, os nanocristais de CdS foram cultivados sobre a película fina de TiO2 por deposição em banho químico (CBD), utilizando uma solução contendo 0,0534 g de Cd (CH3CO2)2 e 0,030 g de CH3CSNH2 dissolvidos em 100 ml de água desionizada. O eletrólito foi aquecido a 80 °C, utilizando uma placa de aquecimento e agitando. O tempo de crescimento variou de 3 min a 180 min para o crescimento de nanocristais de CdS com diferentes tamanhos de cristais. Após o fabrico dos nanocristais de CdS, foi depositada na superfície da amostra uma camada de nanopartículas de TiO2 de 2 a 3 µm, utilizando uma pasta de TiO2 feita a partir de 6 gramas de TiO2 anatase com etanol, água desionizada e ácido acético (10%: 80%: 10%) a 200° C. As heteroestruturas FTO/TiO2/CdS/TiO2 fabricadas estavam prontas a utilizar depois de terem sido recozidas a 450° C durante 30 minutos. Foram tingidas com sumo de amora durante 18 horas. Após a adição de uma gota de eletrólito redox no topo do elétrodo, este foi unido ao contra-elétrodo PANI/FTO para formar um dispositivo de células solares quânticas sensibilizadas por corante (QDSSC).

3.3.2 Células solares híbridas polímero orgânico/nanofios inorgânicos

A tetra (4-carboxifenil) porfirina (TCPP) foi adquirida à Sigma Aldrich. O corante TCPP de 0,0002 M foi dissolvido em THF à temperatura ambiente. Depois de as NWs FTO/ZnO terem sido imersas na solução TCPP durante a noite, os nanofios de ZnO enxertados com TCCP foram lavados com água desionizada e secos com azoto gasoso.

A estrutura das células solares híbridas contendo matrizes de NW de ZnO e polímero é apresentada na Figura 3.4(a). Foram fabricadas depositando compósitos de P3HT ou G-P3HT sobre as matrizes de NW de ZnO enxertadas com TCPP através de um processo de revestimento por rotação a uma velocidade de 100 rpm durante 1 min. Em seguida, as amostras foram recozidas a 110 °C durante 120 minutos para melhorar a infiltração do polímero. Um elétrodo de contacto de 50 nm de Au foi depositado sobre a superfície do polímero por evaporação térmica à temperatura ambiente.

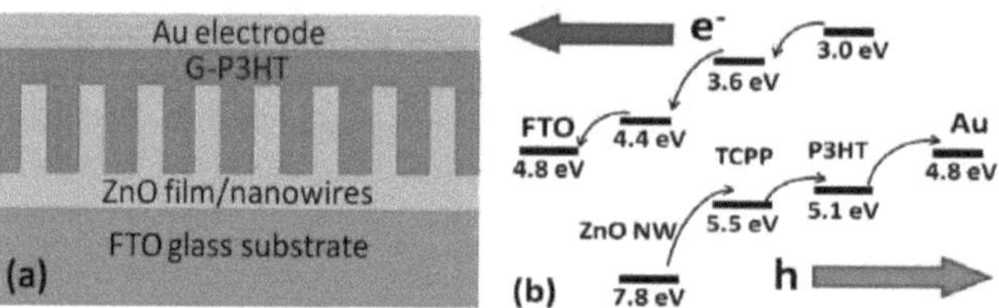

Figura 3.4 Diagrama esquemático de células solares híbridas orgânico-inorgânicas utilizando ZnO NWs e P3HT ou G-P3HT (a) e os níveis de energia correspondentes para a transferência de carga (b).

3.3.3 Combinação de células solares orgânicas/inorgânicas de hetrojunção em massa com células solares de nanofios

Os procedimentos experimentais pormenorizados para a preparação das células solares são descritos a seguir. A camada de semente de ZnO e as NW foram preparadas utilizando um método hidrotérmico (HTM) com eletrólito contendo 0,35 M de acetato de zinco di-hidratado em 2-metoxietanol como solvente. A solução tem de ser aquecida a 60° C numa placa quente com agitador a cerca de 200 rpm durante 2 horas. Este aquecimento/agitação deve produzir uma solução clara e homogénea e, em seguida, deixar arrefecer até à temperatura ambiente e repousar durante 2 dias antes da utilização. Quando a solução de ZnO estiver pronta, pode ser aplicada no substrato escolhido, que é um substrato de vidro revestido com ITO (8 Q por quadrado). Os substratos foram limpos por ultra-sons em acetona (10 min) e isopropanol (10 min). Uma camada fina de ZnO (50 nm) foi depositada por um spin-coater após rotação a 3000 rpm durante 30 segundos, retirando o substrato do spin-coater e secando-o numa placa quente a 350-370 °C durante 5 minutos. Este processo produz uma espessura de película de cerca de 50-70 nm. As matrizes de NW de ZnO alinhadas verticalmente serão fabricadas em substratos de vidro ITO/camada de semente de ZnO (SPI Supplies)[134], [137]. As matrizes de NW de ZnO serão cultivadas sobre a película fina de ZnO. Os dispositivos fotovoltaicos foram fabricados utilizando as matrizes de nanobastões de ZnO orientadas e a mistura de P3HT: PCBM (1:1 em peso em diclorobenzeno) que será revestida por centrifugação sobre as matrizes de nanobastões de ZnO a 600 rpm durante 45 segundos, um processo de secagem lenta e um processo de pré-cozimento de 10 min a 105° C são efectuados após o revestimento por centrifugação da camada de mistura, seguido de revestimento por centrifugação de PEDOT: PSS (1:6 é propanol) e elétrodo de Ag. Os dispositivos serão embalados num porta-luvas numa atmosfera de azoto e cozidos a 140° C durante 10 minutos. A mistura de polímeros pode ser continuamente infiltrada nos espaços entre os nanobastões antes da secagem do solvente. A camada fotoactiva resultante tem aproximadamente 150-200 nm. A estrutura das células solares híbridas que contêm matrizes de NW de ZnO e polímero é apresentada na Figura 3.5.

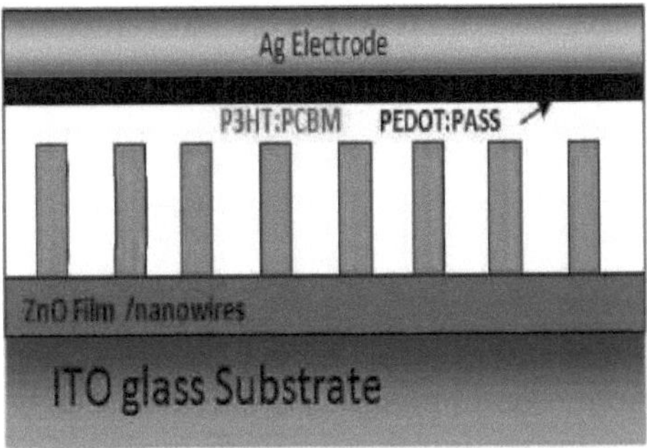

Figura 3.5 Diagrama esquemático de células solares híbridas orgânico-inorgânicas utilizando NWs de ZnO e P3HT: PCBM

Capítulo 4

Resultados e discussão

4.1 Compósito orgânico/inorgânico (polianilina/nanotubos) como eléctrodos para células solares

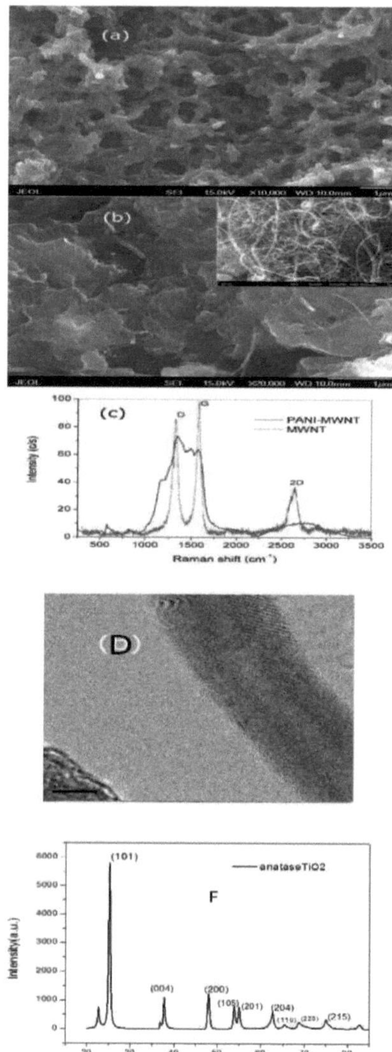

Figura 4.1 A imagem SEM de PANI (a) compósito MWNT-PANI (b) espectros Raman dos MWNTs pristinos e do compósito MWNT-PANI (c). A inserção em (b) é uma imagem SEM de MWNTs pristinos. TEM de MWNTs (D), padrões de XRD de um filme fino de TiO2 anatase depositado pela técnica de aerógrafo (E).

A Figura 4.1 (a) mostra uma imagem SEM típica de uma película fina de PANI. Após a polimerização, a PANI sobre vidro ITO apresenta estruturas típicas em forma de bastonete com 100-200 nm de diâmetro. No entanto, o compósito MWNT-PANI apresenta morfologias de superfície distintas, como mostra a Figura 4.1 (b). As estruturas em forma de bastonete desaparecem no compósito. Alguns dos MWNTs incorporados na película de PANI são visíveis no SEM. A inserção na Figura 4.1(b) mostra os MWNTs pristinos num vidro ITO antes da deposição e polimerização da PANI. Os nanotubos exibem uma distribuição de tamanho semelhante, com mais de 95% entre 5 e 25 nm e comprimento variando de 5 a 60 pm. Figura 4.1(D) As nossas medições TEM confirmaram que os processos de purificação permitem a produção de nanotubos de elevada pureza através da remoção do catalisador utilizado. A Figura 4.1(E) mostra o padrão XRD do TiO2 anatase, que concorda com o XRD da película fina de TiO2 anatase preparada pela técnica airbrush. A fase cristalina da película fina de TiO2 anatase obtida é mais fotoactiva do que as outras fases (por exemplo, rutilo e brookite) das células solares de TiO2

Os espectros Raman representativos dos MWNT e do compósito MWNT-PANI são apresentados na Figura 4.1(c). Os MWNT apresentam várias bandas caraterísticas, incluindo as bandas D (1305-1330 cm^{-1}), G (1500-1605 cm^{-1}) e 2D (2450-2650 cm^{-1}). Tanto a banda D associada a defeitos e impurezas como a banda G do modo de estiramento das ligações de carbono foram observadas nos MWNT. A banda 2D de segunda ordem presente nos espectros Raman de vários materiais de carbono sp^2 é geralmente muito mais intensa do que a banda D induzida por desordem. Isto deve-se ao facto de a banda 2D ser simetricamente permitida por requisitos de conservação do momento, enquanto a banda D induzida por desordem só aparece quando há uma quebra na simetria translacional no plano [138]. Após o envolvimento com PANI, a intensidade 2D diminuiu significativamente. Além disso, aparecem vários picos novos a 1178, 1258, 1502 cm^{-1}. A banda a 1485 cm^{-1} foi atribuída a uma deformação no plano da ligação C-C do anel quinoide da PANI dopada [138]. Por conseguinte, esta diminuição acentuada indica que ocorre uma interação selectiva entre o anel quinoide do polímero dopado e os nanotubos como consequência da polimerização in situ.

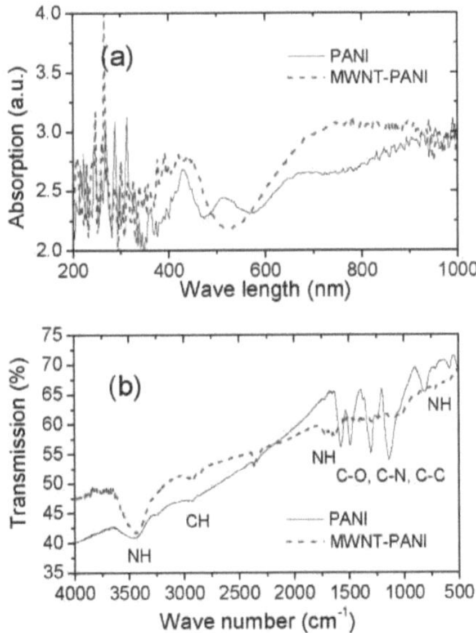

Figura 4.2 Espectro de absorção ótica (a) e espetro FTIR (b) da PANI e do compósito MWNT-PANI.

Os espectros de absorção UV-Vis da PANI pura e do compósito MWNT-PANI são apresentados na figura 4.2(a). A PANI pristina apresenta três picos de absorção fortes em torno de 430, 520 e 670 nm. As absorções em torno de 430 e 520 nm correspondem às transições n-n* nos anéis benzonóides, enquanto a banda em 670 nm é geralmente atribuída à absorção de excitões localizados no anel quinoide[139]. O pico em torno de 290 nm representa a transição de orbitais electrónicas n-n* ao longo da espinha dorsal das cadeias de PANI. Curiosamente, a absorção a 520 nm foi atenuada no compósito MWNT-PANI, o que indica uma forte interação entre as cadeias de PANI e as paredes do MWNT através do enrolamento.

Os espectros FTIR da PANI e do compósito MWNT-PANI foram registados na região de 4000 cm^{-1} - 200 cm^{-1} (Figura 4.2b). A formação de PANI foi revelada pelas bandas de absorção a 3460, 1603, 1179, 1124 e 834 cm^{-1} , que foram atribuídas às vibrações de N-H, -C=C-, Ph-NH, Ph-NH-Ph, e C-N na unidade de anilina [140]. O pico largo a 3440 cm^{-1} corresponde ao estiramento de -NH2 e o pico observado em torno de 2925 cm^{-1} foi devido ao estiramento de C-H [141]. As absorções a 1716 e 1637 cm^{-1} são atribuídas ao modo de estiramento C=C dos anéis de benzeno e à vibração dos anéis de quinona [142, 143]. O pico a 1303 cm^{-1} é devido ao estiramento C-N do polímero. A banda mais forte observada perto de 1100 cm^{-1} e a banda a 1235 cm^{-1} são devidas, respetivamente, ao estiramento C-C e à torção C-C da cadeia alquílica [144]. O pico próximo de 800 cm^{-1} é devido ao modo de flexão N-H fora do plano. Todos os picos de absorção abaixo de 1500 cm^{-1} são muito mais fracos no compósito MWNT-PANI do que na PANI, indicando a forte interação entre as cadeias de PANI e a parede dos MWNTs. Assim, as medições espectrais FTIR confirmam a formação de polianilina na parede dos MWNTs através do processo de polimerização eletroquímica.

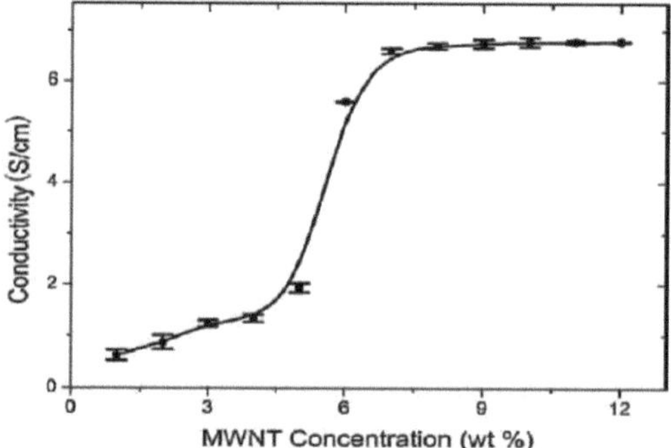

Figura 4.3 Efeito do teor de MWNT na condutividade dos nanocompósitos MWNT-PANI.

A Figura 4.3 mostra o efeito do teor de MWNT na condutividade dos nanocompósitos MWNT-PANI. É possível observar que a condutividade dos nanocompósitos aumenta à medida que a quantidade de MWNTs aumenta. O aumento acentuado do valor da condutividade ocorre com teores de MWNT superiores a 5%. A condutividade do compósito MWNT-PANI com 6% de MWNTs aumentou cerca de 12 vezes em comparação com a PANI pura, o que indica que os nanocompósitos MWNT-PANI obtidos por polimerização in situ podem melhorar significativamente a condutividade do material. As alterações observadas na condutividade em diferentes concentrações de MWNT podem ser explicadas por um mecanismo de percolação. A condutividade é dominada pela matriz de PANI quando o teor de MWNT é inferior a 5% em peso nos nanocompósitos; acima deste valor, a percolação entre MWNTs começa a assumir o transporte eletrónico. A saturação da condutividade pode ser atingida quando o teor de MWNT é superior a 7 % em peso, onde os MWNT dominam o transporte elétrico. Sabe-se que o limiar de percolação depende de muitos parâmetros, como o tipo de nanotubo, o método de síntese, o tamanho do tubo, o tipo de polímero e o método de dispersão [145]. Estudos demonstraram que o limiar de percolação dos nanocompósitos de PANI e de nanotubos de carbono de parede simples (SWNT) [146] é de cerca de 0,3 % em peso da concentração de SWNT. Num compósito semelhante de MWNT com polipirrol, estimou-se que o limiar de percolação se situa entre 15 e 20 % em peso de nanotubos [148]. Um relatório recente salientou que é difícil observar um limiar de percolação nítido nos nanocompósitos porque a condução através da própria PANI impede um início súbito de alteração da condutividade [149].

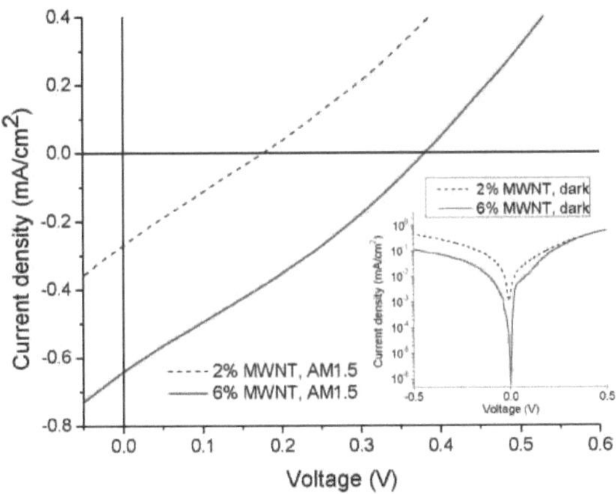

Figura 4.4 As curvas caraterísticas J-V das células solares TiO2/MWNT-PANI com diferentes MWNT medidos no escuro e sob iluminação AM1.5.

A figura 4.4 mostra as caraterísticas corrente-tensão (J-V) das células solares constituídas por nanocompósitos TiO2/MWNT-PANI com diferentes concentrações de MWNT. As curvas J-V medidas no escuro estão também incluídas na parte superior da figura. Ambos os dispositivos que utilizam os nanocompósitos de 2% e 6% de MWNT mostram um comportamento retificador evidente no escuro, *ou seja*, a densidade da corrente inversa é significativamente menor em comparação com a corrente direta. Mas uma concentração elevada de MWNT produz uma relação ON/OFF muito maior a uma dada tensão. Esta observação demonstra que se formou uma junção p-n entre o compósito MWNT-PANI e as nanopartículas de TiO2. Sob iluminação, foram observados efeitos fotovoltaicos nestes dispositivos. O dispositivo com 6% de MWNTs apresenta uma tensão de circuito aberto de 0,38 V e uma densidade de corrente de curto-circuito de 0,64 mA/cm^2. À medida que a concentração de MWNT diminui para 2 wt%, ambos os valores diminuem. Esta observação indica que o aumento da concentração de MWNT nos compósitos MWNT-PANI ajuda a melhorar o desempenho da célula solar, o que pode resultar da melhor condutividade dos compósitos com uma concentração mais elevada de MWNT.

A geração de fotocorrentes nas células solares poliméricas envolve geralmente quatro etapas: (1) criação de excitões resultantes da absorção de luz na camada ativa, (2) formação de cargas livres a partir da dissociação de excitões na interface doador/acetor de electrões, (3) transporte das cargas sob um campo elétrico e (4) recolha de cargas por eléctrodos [150]. É difícil evitar a recombinação geminada de excitões para criar dispositivos fotovoltaicos orgânicos eficientes. Uma vez que um campo elétrico incorporado não é geralmente suficiente para separar os excitões, uma abordagem popular para conseguir a separação de cargas em películas orgânicas consiste em incorporar na película um material que aceite electrões, como um derivado do C60,[151] nanocristais de TiO2 sinterizados,[152] nanocristais de CdSe[153] ou outro polímero conjugado [154]. A polianilina é substancialmente diferente dos primeiros polímeros estudados e não é simétrica em termos de conjugação de cargas. Isto significa que o nível de Fermi e o intervalo de banda não se formam no centro da BANDA A e que as bandas de valência e de condução são muito assimétricas [155]. Consequentemente, as posições dos níveis de energia das excitações induzidas por dopagem e fotoinduzidas diferem das dos polímeros simétricos de conjugação de carga, como o poliacetileno e o politiofeno. No nosso caso, forma-se uma junção p-n entre o TiO2 nano-cristalino e a polianilina, resultando num comportamento retificador nas medições I-V. O processo de polimerização insitu leva a interações eficazes e selectivas entre o anel quinoide da PANI e os MWNTs. Isto facilita os processos de transferência de carga entre os dois componentes e resulta em propriedades electrónicas melhoradas. O transporte melhorado numa concentração mais elevada de MWNT deve ajudar a recolha de carga e, por conseguinte, alcançar uma maior eficiência, tal como observado neste estudo.

A estabilidade dos compósitos MWNT-PANI em termos da sua condutividade foi também investigada através do recozimento das amostras a 100 °C no ar durante diferentes períodos de tempo. A Figura 4.5 mostra a condutividade medida em função do tempo de recozimento para o compósito de 6% de MWNTs. Verificou-se que o recozimento inicial durante menos de 30 minutos melhora a condutividade. No entanto, um recozimento prolongado até 60 minutos faz com que o compósito perca a sua condutividade. Os MWNTs incorporados na película de PANI devem ser suficientemente estáveis para manter a sua condutividade intrínseca à temperatura de recozimento. A oxidação da própria PANI e na interface entre a PANI e os MWNTs pode ocorrer e acredita-se que resulte na perda de condutividade nas películas. Foram também investigados os efeitos do recozimento nas células solares TiO2/MWNT-PANI. Verificou-se que as células solares perdem o seu efeito fotovoltaico após 10 minutos de recozimento, o que provavelmente resulta da deterioração da junção p-n entre TiO2 e PANI devido à oxidação. A oxidação da PANI na junção p-n anularia facilmente o efeito fotovoltaico. São ainda necessários mais estudos para compreender a física subjacente.

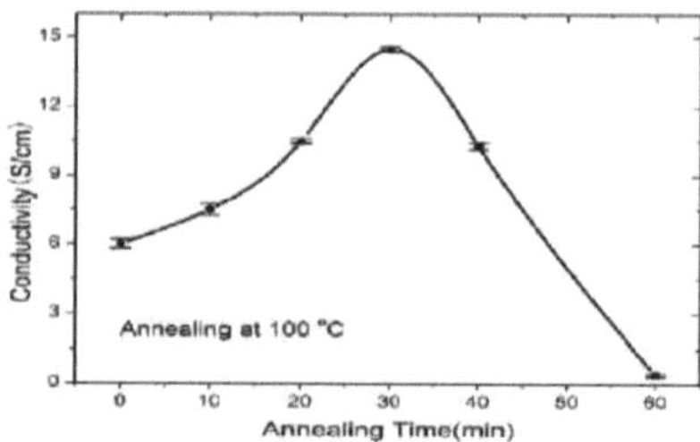

Figura 4.5 Condutividade de uma película fina de MWNT-PANI com 6% de MWNTs em função do tempo de recozimento. O recozimento foi efectuado a 100 °C no ar. A linha sólida é utilizada como guia para os olhos.

4.2 Células orgânicas sensibilizadas com nanocristais inorgânicos

As células solares sensibilizadas por nanocristais de CdS (NCSSCs) foram investigadas utilizando polianilina (PANI) como substituto do contra-elétrodo convencional de platina. O tempo de crescimento dos NCs afecta significativamente o desempenho da célula solar. Com um crescimento ótimo, as NCSSCs apresentam uma eficiência de conversão de 0,83% em comparação com 0,13% para as células idênticas sem NCs de CdS. A espetroscopia de impedância eletroquímica mostrou que a transferência de carga nas células solares com nanocristais de CdS foi melhorada. O aumento da eficiência global de conversão de energia pelos NCs é atribuído a uma melhor absorção de luz e à supressão da taxa de recombinação de cargas interfaciais com injeção, resultando numa transferência de carga e num tempo de vida dos electrões significativamente melhorados. Além disso, os eléctrodos de PANI com uma grande área de superfície e uma inércia à corrosão ideal em relação ao polissulfureto redox apresentam um potencial de aplicação promissor como contra-elétrodo para as NCSSCs. Este estudo demonstra que os nanocristais de CdS crescidos em solução e a polianilina são potencialmente úteis para o fabrico de NCSSCs de elevado desempenho, o que é tecnicamente atrativo para uma produção económica e em grande escala.

A Figura 4.6 mostra a evolução da morfologia da superfície dos nanocristais de CdS depositados a 80^0 C para diferentes tempos de crescimento. A partir das imagens, pode ver-se que as amostras são compostas por pequenos cristais e alguns aglomerados relativamente grandes de agregação dos nanocristais. O tamanho médio dos nanocristais é de cerca de 10 nm. O aumento do tempo de crescimento afecta a morfologia das amostras. Para um crescimento de curta duração, as películas são formadas com estruturas semelhantes a fissuras. Parece que as películas contêm tanto nanocristais como estruturas amorfas. À medida que o tempo de crescimento aumenta, as fissuras são eliminadas e formam-se películas densas de nanocristais empacotados. Continuar a aumentar o tempo de crescimento para mais de 120 minutos; formam-se vários vazios entre os aglomerados de cristais nas películas. Para a amostra cultivada durante 180 minutos, são encontradas algumas estruturas semelhantes a vermes, para além dos vazios na película. Note-se que não se observam alterações óbvias no tamanho médio dos pequenos nanocristais e dos aglomerados agregados para diferentes tempos de crescimento.

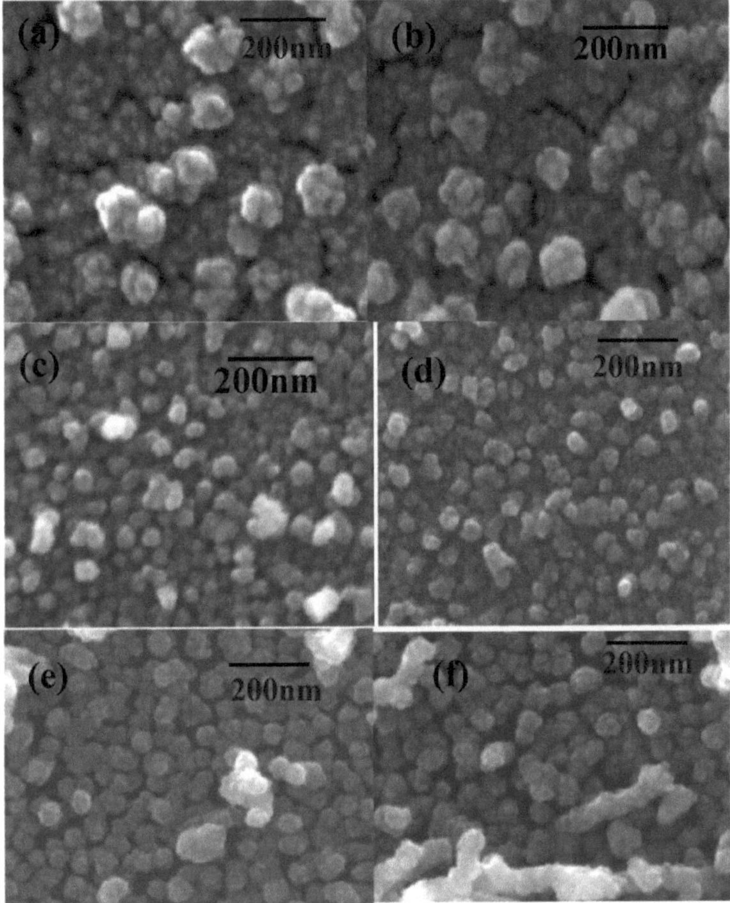

Figura 4. 6 Imagens SEM de camadas de nanocristais de CdS crescidas por diferentes tempos: 5 (a), 10 (b) e 40 (c), 80 (d), 120 (e) e 180 min (f).

Os espectros de absorção UV-Vis dos nanocristais de CdS depositados em tempos diferentes são apresentados na Figura 4. 7. A absorção típica começa entre 500 e 550 nm, o que corresponde à absorção do limite de banda do CdS. O intervalo de banda do CdS a granel é de 2,42 eV (512 nm) e está próximo do que é observado nestes nanocristais. Note-se que não se verifica qualquer alteração observável no intervalo de bandas entre as amostras cultivadas durante diferentes períodos de tempo. A absorção global aumenta à medida que o tempo de crescimento aumenta, o que pode resultar da melhoria da qualidade cristalina global das nanoestruturas, conforme evidenciado nas imagens SEM.

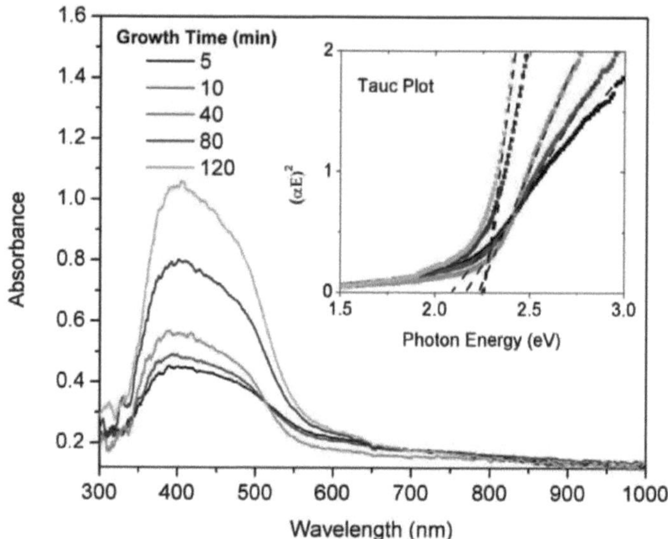

Figura 4. 7. Espectros de absorção UV-Vis de nanocristais de CdS cultivados durante diferentes períodos de tempo. A linha tracejada vertical indica o intervalo de banda para o CdS a granel.

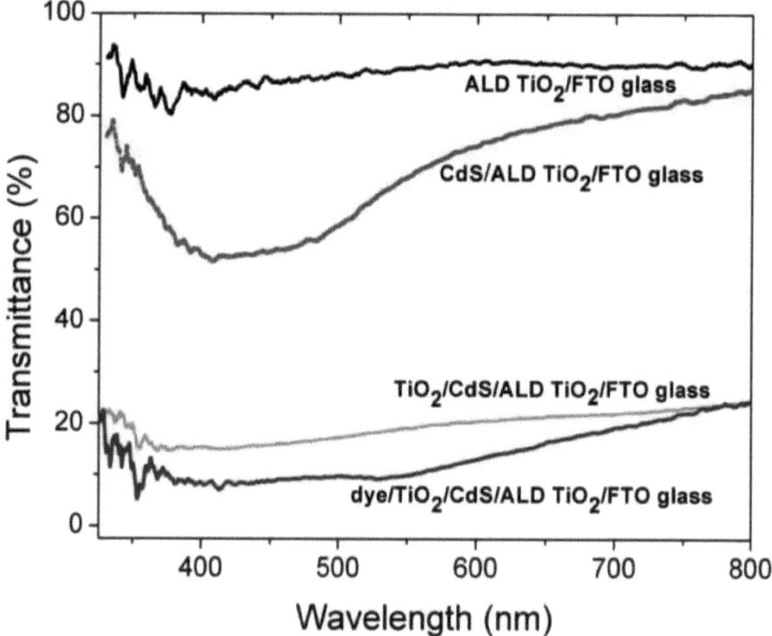

Figura 4. 8. Espectros de absorção ótica de estruturas multicamadas de ALD TiO2/FTO, CdS/ALD TiO2/FTO e TiO2/CdS/ALD TiO2/FTO com e sem carga de corante.

Os espectros de absorção UV-Vis da estrutura multicamada são apresentados na Figura 4.8. O TiO2 ALD não apresenta uma absorção óbvia na gama do visível. Após a deposição dos nanocristais de CdS, foi observada uma banda de absorção na região de comprimentos de onda

curtos, com uma absorção fixa em torno de 550 nm, que é atribuída à absorção dos nanocristais de CdS cultivados durante 30 minutos. A absorção torna-se descaracterizada quando as nanopartículas de TiO2 são depositadas sobre o CdS. Acredita-se que a dispersão da luz das nanopartículas de TiO2 provoca a forte absorção aparente. Após o
O TiO2 foi tingido, a absorção aumentou ainda mais devido à absorção adicional do corante.

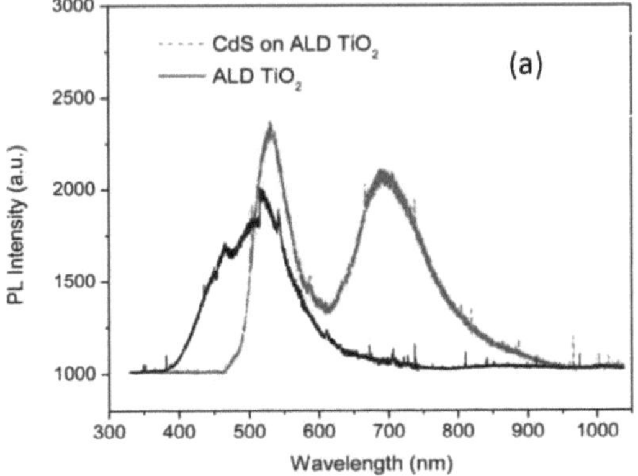

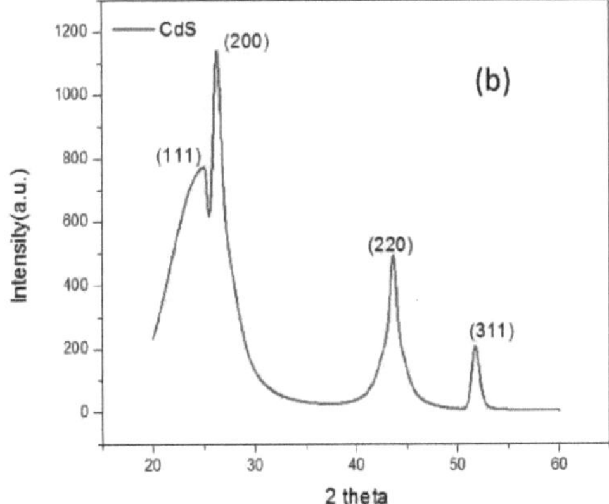

Figura 4.9 . Fotoluminescência (PL) de nanocristais de CdS em ALD TiO2. A PL apenas do ALD TiO2 é também incluída para comparação (a), XRD de filmes finos de CdS crescidos por deposição em banho químico (CBD).

Os espectros de fotoluminescência do ALD TiO2 e dos nanocristais de CdS sobre ALD TiO2 são apresentados na Figura 4. 9. O ALD TiO2 puro apresenta uma banda de emissão larga em torno de 500 nm, que pode ser atribuída à emissão de defeitos do TiO2 [156]. Após a deposição dos nanocristais de CdS, o espetro PL mostra duas bandas de emissão em torno de 540 e 700 nm. A emissão verde-alaranjada deve-se às contribuições de ambos os defeitos do TiO2 e às emissões de borda de banda do CdS. A emissão do TiO2 na região do UV próximo é suprimida devido à forte absorção do revestimento de CdS nesta gama espetral. A emissão vermelha em torno dos 700 nm provém dos estados superficiais ou defeitos dos nanocristais de CdS [157]. A Figura 4.9 b é o XRD da película fina de CdS. Podem ver-se os picos de difração observados com valores teta de 24,9, 26,3, 43,69 e 51,1⁰ correspondentes a reflexões dos planos (111), (200), (220) e (311) do CdS cúbico [26].

Figura 4.10 Curvas J-V de células solares com e sem sensibilizador de CdS. O tempo de crescimento do CdS é de 30 min.

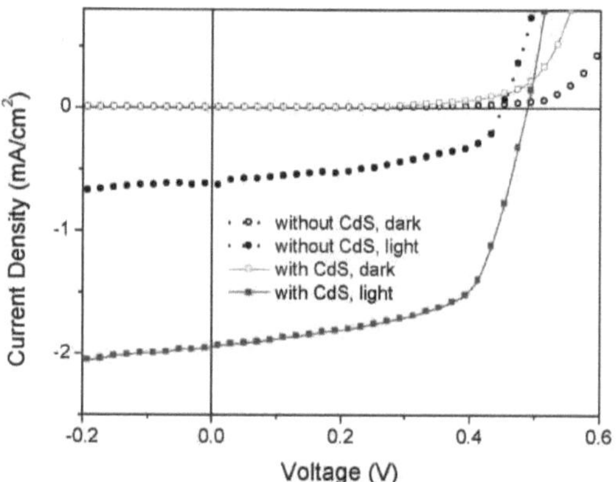

A Figura 4.10 mostra o desempenho das células solares com e sem nanocristais de CdS (tempos de crescimento de 30 minutos). São apresentadas medições no escuro e sob iluminação. No escuro, ambos os dispositivos apresentam curvas J-V rectificadas semelhantes. No entanto, o dispositivo com nanocristais de CdS possui um melhor comportamento rectificado. Sob iluminação, a célula com nanocristais de CdS tem uma corrente de saída significativamente melhorada em comparação com a célula sem nanocristais de CdS. A densidade da corrente de curto-circuito, J_{SC}, aumenta de 0,433 para 1,555 mA/cm² com a utilização dos nanocristais de CdS. A tensão de circuito aberto, V_{OC} , também apresenta um ligeiro aumento de 0,434 para 0,494 V. Os dados experimentais demonstram que a utilização do sensibilizador de CdS ajuda a melhorar o desempenho da célula solar com um aumento da eficiência de conversão de 0,132% para 0,48%. Como já foi referido, este melhor desempenho das células beneficia da maior estabilidade dos nanocristais de CdS, com maior captação de energia e melhor separação e recolha de cargas [156, 157].

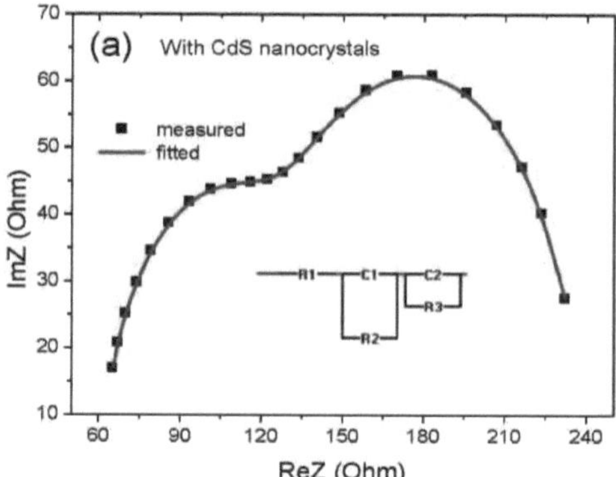

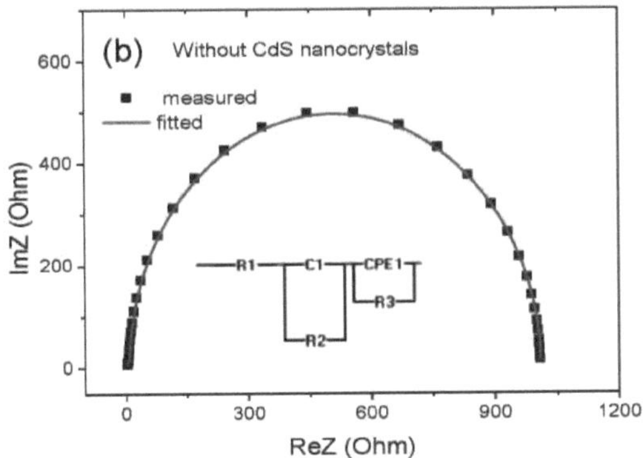

Figura 4.11 Espectroscopia de impedância eletroquímica das estruturas multicamadas com (a) e sem nanocristais de CdS (b). Os quadrados sólidos são dados experimentais e as curvas sólidas são simulações utilizando um circuito equivalente apresentado na parte superior da figura.

Para compreender o impacto dos nanocristais de CdS no desempenho da célula solar, foram medidos os espectros EIS das estruturas da célula solar com e sem nanocristais de CdS (Figura 4.11). Os espectros foram medidos na configuração de uma célula solar prática com eletrólito de iodeto-triiodeto. As medições foram efectuadas a 0,3 V e numa gama de frequências de 0,005 a 1MHz. Os dados podem ser utilizados para quantificar diretamente a resistência à transferência de carga associada à redução do eletrólito e fornecer informações sobre a capacidade de recolha de carga nas células solares. O espetro da célula sem CdS apresenta uma curva semicircular, enquanto a célula com nanocristais de CdS apresenta caraterísticas de duplo semicírculo. A utilização da camada de nanocristais de CdS na célula solar faz com que o EIS se altere significativamente devido à ocorrência de transferência de carga adicional através dos nanocristais. Os dados experimentais foram ajustados com um circuito equivalente, como se mostra na parte superior das figuras, que inclui a resistência em série R_1, a resistência de transferência de carga R_2 e a capacitância de carga espacial [C_1, C_2 ou CPE1 (capacitância não ideal)]. A resistência à transferência de carga é um parâmetro importante para mostrar a injeção e a recolha de carga nas células solares. Verificou-se que R_2 foi reduzido de 999 Q para a célula sem CdS para 66 Q para a célula com nanocristais de CdS, enquanto R3 não registou alterações significativas. As medições EIS indicam que os nanocristais de CdS ajudam a transferência de carga nas células solares sensibilizadas por bicamadas, pelo que se observou uma melhoria no desempenho da célula.

Os efeitos do tamanho dos nanocristais de CdS no desempenho da célula solar também foram investigados. Como se mostra na Figura 4. 6, a morfologia dos nanocristais de CdS é afetada pelo tempo de deposição, o que pode afetar o desempenho da célula. As células solares foram fabricadas depositando nanocristais de CdS durante diferentes períodos de tempo sobre a camada de ALD TiO2. A Figura 4. 12 mostra as curvas J-V caraterísticas obtidas com estes dispositivos. Verificou-se que o desempenho da célula solar em termos de corrente de curto-circuito foi significativamente melhorado à medida que o tempo de crescimento do CdS foi aumentado até 90 minutos. A tensão de circuito aberto parece manter-se em torno de 0,4 a 0,5 V. À medida que o tempo de crescimento foi aumentando até 120 minutos, o desempenho da célula piorou, com diminuições significativas tanto no J_{SC} como no V_{OC}.

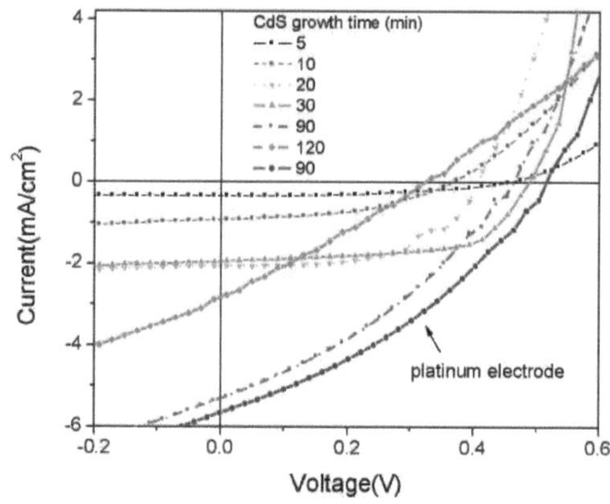

*Figura 4.12 Curvas J-V dos QDSSCs com nanocristais de CdS de diferentes tempos de crescimento. A PANI foi
utilizada como contra-elétrodo, exceto numa célula com elétrodo de platina para comparação.*

A Tabela 4.1 resume o desempenho da célula solar com os diferentes tempos de crescimento do CdS.

Pode ver-se na figura 4.12 que a célula solar com a eficiência de conversão mais elevada foi obtida quando o tempo de crescimento foi de 90 minutos. A sua tensão de circuito aberto é de 0,46 V com uma corrente de curto-circuito de 5,3 mA/cm² . O JSC mostra um aumento contínuo até aos 90 minutos e depois diminui. No entanto, o fator de enchimento mostra uma melhoria apenas até 30 minutos de crescimento e diminui com um crescimento mais longo. O impacto do tamanho cristalino do CdS no desempenho da célula solar pode dever-se ao aumento da absorção dos nanocristais. Como se mostra na Figura 4.7, a absorvância aumenta à medida que o tempo de crescimento aumenta, o que beneficiaria o desempenho da célula quando o tempo de crescimento é demasiado longo. Isto pode resultar na transferência de carga através de limites de grão aumentados e causar a deterioração do desempenho da célula. As medições SEM mostram que a qualidade da camada de nanocristais de CdS começa a piorar quando o tempo de crescimento é superior a 120 minutos. São observados vazios de vários tamanhos nos substratos, o que pode fazer com que a contribuição dos nanocristais de CdS diminua a transferência efectiva de carga do que nos substratos com uma camada densa crescida durante menos tempo. Neste trabalho, investigámos as células solares sensibilizadas por nanocristais (NCSSC) numa configuração de duas camadas de sensibilizador, utilizando nanocristais de CdS crescidos em solução como sensibilizador adicional e polianilina orgânica (PANI) como contra-electrodo. Como se mostra na Figura 4.8, a NCSSC é constituída por uma fina camada de TiO2 cultivada por deposição em camada atómica (ALD), nanocristais de CdS de diferentes tamanhos cultivados por deposição em banho químico (CBD) e um TiO2 poroso que serve de estabilizador para os NC e de material de suporte para a adsorção de corantes, tal como é utilizado nas células solares convencionais sensibilizadas por corantes. O efeito do tempo de crescimento dos nanocristais de CdS no desempenho das células solares é sistematicamente investigado, uma vez que afecta tanto a absorção de luz como a recolha de carga do CdS, ambas importantes para os dispositivos de células solares. Verifica-se que o tempo de crescimento dos nanocristais deve ser optimizado para se obter um desempenho ótimo da célula. A estrutura e as propriedades ópticas dos materiais das células solares são estudadas. A caraterização da corrente-tensão e as medições de espetroscopia de impedância eletroquímica (EIS) confirmam que a utilização de NCs ajuda a melhorar o desempenho das NCSSCs devido à melhor transferência de carga e captação de luz.

Nas actuais NCSSC, é também explorado um novo contra-elétrodo que utiliza material orgânico PANI para substituir o contra-elétrodo convencional de platina, uma vez que a utilização de platina é dispendiosa e a sua quantidade é limitada na Terra.[Este estudo indica que as células solares que utilizam PANI têm um desempenho semelhante ao das células que utilizam platina, demonstrando que a PANI é um contra-elétrodo adequado para aplicações NCSSC.

Para comparação, foi também fabricada uma célula solar utilizando um elétrodo de platina em vez de PANI, com nanocristais de CdS cultivados durante 90 minutos. Apresenta um desempenho semelhante ao da célula fabricada em condições semelhantes utilizando um elétrodo de PANI.

Tabela 4.1. Dados caraterísticos J-V dos dispositivos QDSSCs com diferentes tempos de deposição de CdS.

Tempo de crescimento de CdS (min)	Contra elétrodo	Voc(V)	Jsc(mA)	FF	Eficiência (%)
5	PANI	0.45	0.33	0.43	0.064
10	PANI	0.373	0.89	0.49	0.164
30	PANI	0.414	2.05	0.56	0.478
90	PANI	0.475	5.37	0.33	0.833
120	PANI	0.33	2.78	0.26	0.24
90	Platina	0.5	5.6	0.36	1.01

4.3 Células solares híbridas de nanofios de P3HT/ZnO

4.3.1 Análise estrutural

A Figura 4.13 (a) mostra uma imagem de secção transversal SEM de um conjunto típico de nanofios de ZnO cultivados pelo processo eletroquímico. Os nanofios com um diâmetro médio de 100-200 nm estão alinhados verticalmente no substrato. A Figura 4.13 (b) mostra uma imagem da secção transversal de uma matriz de nanofios de ZnO embebida em polímero P3HT. Alguns dos nanofios ainda são visíveis na imagem. No entanto, a maioria deles é difícil de ver porque os nanofios estão completamente cobertos por P3HT quando a secção transversal foi preparada. As marcas impressas deixadas na camada de P3HT devido à remoção dos nanofios de ZnO durante a preparação da amostra confirmam que os nanofios foram envolvidos por moléculas de P3HT. A fim de observar claramente os nanofios incorporados, foram também tiradas imagens das secções transversais danificadas. Os nanofios danificados com P3HT são mostrados na Fig. 4.13 (c). Estão partidos e sobressaem da camada de P3HT, tornando os nanofios facilmente observáveis. As medições SEM indicam que o P3HT se infiltrou profundamente nas lacunas entre os nanofios de ZnO utilizando este processo de solução com recozimento suave, o que assegura a formação de boas heterojunções entre os dois semicondutores.

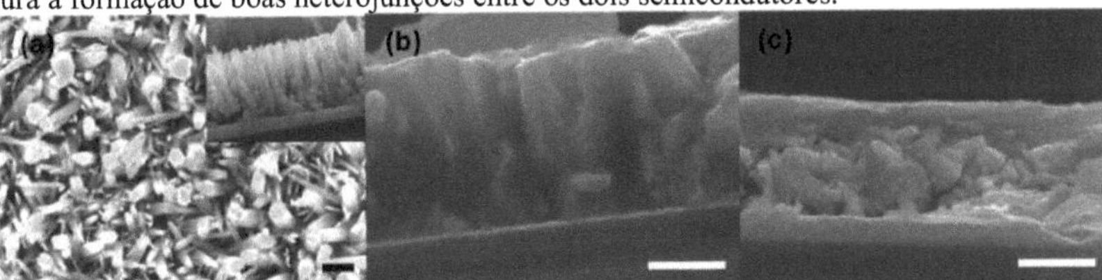

Figura 4.13 Imagens SEM de secções transversais de matrizes de nanofios de ZnO (a), matrizes de nanofios de ZnO embebidas em P3HT (b) e matrizes colididas em P3HT (c).

4.3.20 propriedades pticas

O efeito da adição de grafeno nas propriedades ópticas do P3HT foi investigado por espalhamento Raman, absorção UV-Vis e espetroscopia de fotoluminescência. A Figura 4.14 mostra os espectros Raman obtidos com grafeno, P3HT puro e G-P3HT com 5 wt% de grafeno. O espetro de dispersão Raman do grafeno mostra os dois picos típicos D e G a aproximadamente 1350 cm^{-1} e 1581 cm^{-1} , respetivamente [166]. A banda G tem origem na divisão do E_{2g} em materiais do tipo grafite, enquanto a banda D corresponde a estruturas de carbono desordenadas. Outro pico a ~2700 cm^{-1} é a banda 2D (sobretom do modo D) de ressonância dupla de dois fões.

São observados vários picos Raman caraterísticos do P3HT puro [167169]. A banda Raman mais forte foi encontrada a 1443,4 cm^{-1} , com um segundo pico mais forte a 1378,6 cm^{-1} , que são respetivamente atribuídos às vibrações de estiramento C=C do anel de tiofeno e ao estiramento esquelético C-C [167,168]. A banda a 599 cm^{-1} é devida à deformação do anel de tiofeno no plano [130,172]. Os desvios Raman observados na gama de frequências de 678 e 728 cm^{-1} são as vibrações de deformação C-S-C simétricas e anti-simétricas no anel de tiofeno, respetivamente [169,170]. A banda a 873 cm^{-1} pode ser atribuída à deformação C-H fora do plano, e os picos a 2822 e 2888 cm^{-1} são o estiramento C-H simétrico e anti-simétrico, respetivamente [132,171].

O espetro Raman do G-P3HT é muito semelhante ao do P3HT puro. O grafeno a 5 wt% não afectou significativamente a dispersão Raman do material hospedeiro. A ausência de picos Raman do grafeno no G-P3HT pode dever-se ao forte fundo de luminescência no espetro Raman. Note-se que é utilizada uma escala logarítmica para a intensidade Raman, de modo a mostrar o sinal da amostra de grafeno puro.

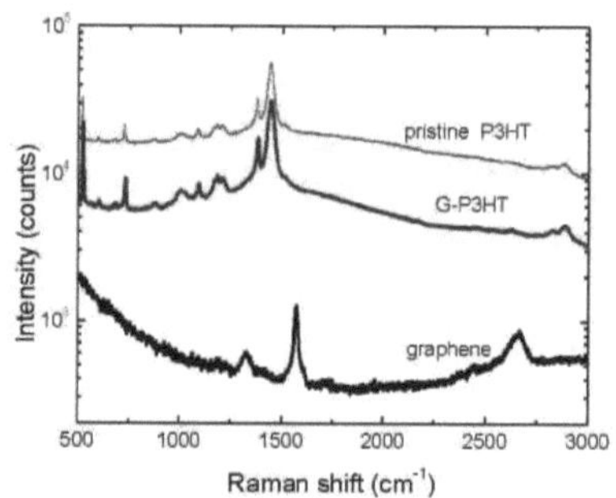

Figura 4.14 Espectros Raman de grafeno puro, P3HT e G-P3HT (5 wt% de grafeno).

A Figura 4.15 mostra os espectros FTIR das amostras de P3HT e G-P3HT. Ambos os espectros são semelhantes, mas apresentam diferenças distintas em termos das intensidades relativas de alguns dos picos de absorção. Foram observados vários picos de absorção típicos do P3HT e as atribuições correspondentes destes picos estão assinaladas na figura [157]. O pico de absorção a 3055 cm^{-1} está associado a C=CH e os picos em torno de 2853-2952 cm^{-1} são da vibração de estiramento da ligação C-H no anel de tiofeno. O pico a 1510 cm^{-1} é o modo de estiramento da ligação C=C. Os picos a 1458 e 1580 cm^{-1} correspondem, respetivamente, às ligações -CH2 e -CH3. O pico a 825 cm^{-1} é a vibração de flexão da ligação C-H. A absorção caraterística do átomo de S no anel de politiofeno foi observada a 722 cm^{-1} . Foi observado um aumento significativo no modo de flexão C-H e na absorção de CO_2 no G-P3HT. Pensa-se que estes aumentos são causados pelos adsorventes na superfície do grafeno.

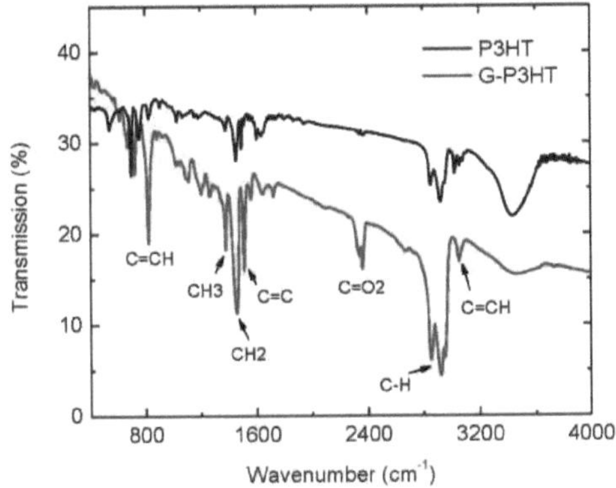

Figura 4.15 Os espectros FTIR dos filmes de P3HT e G-P3HT pristinos.

A Figura 4.16 mostra os espectros de absorção ótica e de PL das amostras de P3HT. O P3HT puro apresenta uma banda de absorção larga típica na gama do visível. Após a adição de 5 wt% de grafeno ao P3HT, não há alteração significativa na caraterística de absorção global, mas a intensidade de absorção aumenta. Este aumento da absorção no G-P3HT deve ser causado pelo grafeno no filme compósito. Não foi observada qualquer caraterística adicional no G-P3HT, o que implica que não ocorrem interações significativas no estado fundamental ou transferência de carga entre o grafeno e o P3HT, como sugerido na literatura [171].

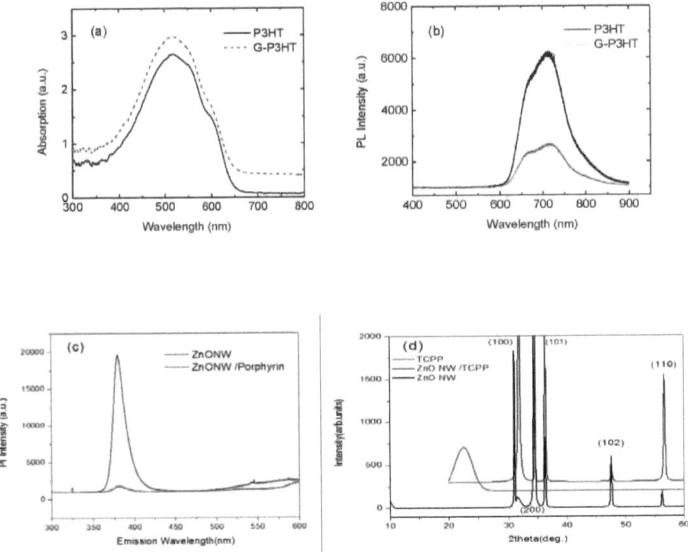

Figura 4.16 Espectros de absorção ótica (a) e de fotoluminescência (b) de P3HT puro e G-P3HT (grafeno a 5% em peso), espectros de fotoluminescência de ZnO NW (linha azul) e ZnO NW enxertado com porfirina (linha vermelha) em THF, excitados a 325 nm com a mesma densidade ótica (c), e o espetro de XRD da porfirina TCPP pura (curva vermelha), das matrizes de ZnO NW (curva preta) e do ZnO NW enxertado com TCPP (púrpura)

A Figura 4.16 (b) mostra os espectros de PL do P3HT puro e do G-P3HT. Mais uma vez, foram observadas caraterísticas espectrais semelhantes nas duas amostras, o que indica que a emissão de

PL é principalmente contribuída pelo P3HT. Foi observado um pico largo em torno de 700 nm. Não foi observada qualquer emissão PL abaixo de 620 nm, que é efetivamente o comprimento de onda de início da absorção ótica. É interessante notar que a inclusão de 5 wt% de grafeno no P3HT reduz significativamente a intensidade de PL, embora o grafeno faça com que a absorção de luz aumente. Esta observação sugere que a energia absorvida pelo grafeno pode não contribuir para a PL do P3HT. Em vez disso, o grafeno pode ter um efeito de supressão na emissão de fotões do P3HT e levar a uma diminuição da intensidade da PL do G-P3HT. Como se pode ver na figura 4.16(c), a fotoluminescência foi suprimida nas regiões do UV e do visível quando a porfirina TCPP foi enxertada na NW de ZnO para ser sensibilizada. Podemos concluir a possibilidade de transferência de energia de ressonância de fluorescência, que a supressão estática devido à agregação do corante na superfície da NW de ZnO. Assim, atribuímos esta atenuação da fotoluminescência à transferência eficiente de electrões fotoinduzidos da porfirina TCPP para a NW de ZnO, como se pode ver no diagrama dos níveis de energia, o LUMO da porfirina TCPP está bem combinado com a banda de condução da NW de ZnO. Verifica-se uma clara redução da intensidade de PL da emissão da banda de defeito, o que indica uma diminuição dos estados de defeito na superfície do ZnO NW. Neste caso, é menos provável que os electrões transferidos fiquem presos na NW de ZnO, e é possível que os electrões se difundam de volta para o TCPP para se recombinarem com os buracos no P3HT.

A Figura 4.16 (d) apresenta os espectros de difração de raios X (XRD) da porfirina TCPP (curva vermelha), ZnO NW (curva preta) e estrutura ZnO/TCPP (púrpura) na curva preta, o pico centrado em 2 theta ~31,11^0 e 36,13^0 são do vidro ITO e os picos fortes 2 theta ~34,2^0 são da superfície ZnO NW. Os resultados de XRD explicam que a estrutura cristalina final não é afetada depois de modificada pela porfirina TCPP e que a agregação da porfirina TCPP à superfície do ZnO NW não altera a estrutura cristalina do ZnO NW.

Os espectros de absorção ótica de uma película fina de ZnO sobre FTO, da porfirina em solução e de uma película de ZnO modificada com porfirina também foram medidos e são apresentados na Figura 4.17. As películas finas de ZnO modificadas foram utilizadas para verificar o impacto da porfirina na absorção devido à dificuldade de medir as matrizes de nanofios. A porfirina em solução tem um forte pico de absorção em torno de 410 nm e vários picos pequenos na gama do visível, o que é semelhante ao registado na literatura [132]. A modificação da película fina de ZnO com porfirina apresenta um forte aumento da absorção em torno de 375 - 450 nm, o que é atribuído à absorção adicional da porfirina revestida na superfície de ZnO.

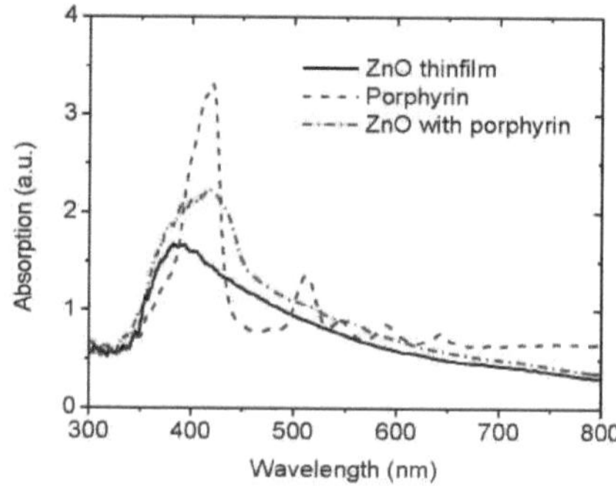

Figura 4.17 Espectros de absorção UV-Vis da película fina de ZnO, da porfirina e da película fina de ZnO revestida com porfirina.

4.3.2 Efeito fotovoltaico

A Figura 4.18 mostra as curvas densidade de corrente - tensão (J-V) obtidas em células solares ZnO NWs/P3HT com e sem enxerto de porfirina. No escuro, tanto as curvas J-V dos nanofios de ZnO como as dos enxertados com porfirina apresentam um comportamento rectificado.

rectificado. No entanto, a superfície do nanofio de ZnO enxertado com porfirina tem uma melhor caraterística de heterojunção.

Sob iluminação, a célula pristina de nanofios de ZnO/P3HT não mostra um efeito fotovoltaico óbvio, enquanto a sua corrente é significativamente aumentada tanto para a polarização direta como para a polarização inversa. Em contrapartida, os nanofios de ZnO enxertados com porfirina ilustram caraterísticas fotovoltaicas típicas sob iluminação. Foi observada uma tensão de circuito aberto (V_{oc}) de 0,44 V e uma densidade de corrente de curto-circuito de 0,33 mA/cm^2 com um fator de preenchimento de 0,499. A eficiência global de conversão de energia desta célula solar é de 0,087%. A utilização da modificação da porfirina ajuda a melhorar os efeitos fotovoltaicos em comparação com os nanofios puros. Esta melhoria do desempenho da célula solar induzida pela modificação da superfície foi ainda demonstrada utilizando o G-P3HT como semicondutor do tipo p.

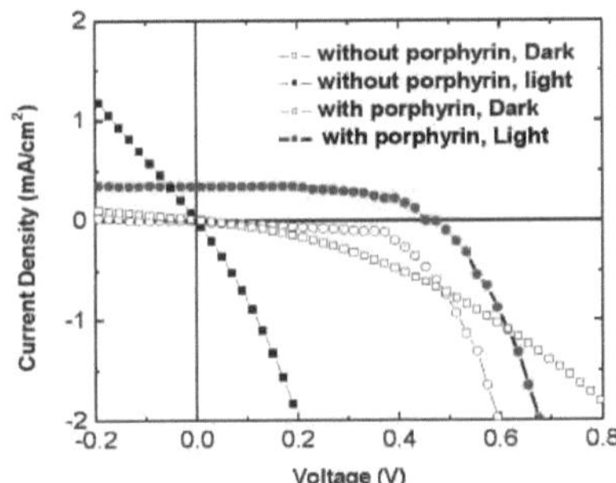

Figura 4.18 Curvas densidade de corrente - tensão medidas em matrizes de nanofios de P3HT/ZnO com e sem enxerto de porfirina.

A Figura 4. 19 mostra as caraterísticas J-V típicas das estruturas híbridas baseadas em G- P3HT e matrizes de nanofios de ZnO com e sem modificação da porfirina. Mais uma vez, os nanofios de ZnO enxertados com porfirina apresentam um melhor desempenho fotovoltaico do que as matrizes de nanofios pristinas. O V_{oc} foi aumentado de 0,2 V para o dispositivo de nanofios de ZnO pristino para 0,475 V para os nanofios de ZnO enxertados com porfirina utilizando G-P3HT. A densidade de corrente de curto-circuito correspondente aumentou de 0,3 mA/cm^2 para 1,66 mA/cm^2 . A melhoria do desempenho fotovoltaico através da modificação da porfirina da superfície dos nanofios de ZnO foi novamente confirmada nestas células que utilizam o polímero G-P3HT.

Os dados experimentais acima referidos indicam que a modificação da porfirina da superfície dos nanofios desempenha um papel importante no desempenho das células solares. Alguns factores associados à modificação da superfície podem resultar no aumento da eficiência da célula solar. Como mostra a figura 4.17, a espetroscopia de absorção, o enxerto de porfirina resulta numa absorção adicional na região do UV próximo, melhorando assim a captação de energia. Além disso, é geralmente aceite que o V_{oc} das células solares orgânicas de heterojunção depende da diferença de energia entre o nível LUMO do aceitador de electrões e o nível HOMO do dador de electrões. A este respeito, o papel da porfirina pode ser entendido observando o diagrama de energia mostrado na Figura 1(a), que foi construído utilizando os níveis de energia HOMO e LUMO calculados a partir de medições de voltametria cíclica, bem como os valores relatados por AlIbrahim et al[176] e Ing et al[177]. A adição de porfirina à superfície do ZnO forma uma banda intermédia entre o P3HT e o ZnO, o que permite uma transferência de carga mais fácil através das interfaces de junção.

Os nanobastões de ZnO enxertados com porfirina foram recentemente utilizados em células solares BHJ por Said e colegas [168]. Utilizaram nanobastões de ZnO curtos distribuídos aleatoriamente num polímero e descobriram que o enxerto direto de porfirina conduz a um processo muito eficiente de injeção de electrões nos nanobastões de ZnO. No entanto, o estudo de espetroscopia de absorção transiente revelou que o enxerto também alterou a dinâmica dos portadores de carga nas heteroestruturas de P3HT/ZnO, bem como a morfologia (ou seja, a agregação de nanobastões de ZnO), o que reduz a geração global de fotocorrentes. Neste estudo, verificou-se que o enxerto de porfirina em matrizes de nanofios de ZnO melhora o desempenho da célula solar devido à nova estrutura do dispositivo que utiliza matrizes de nanofios alinhadas verticalmente. Nesta estrutura, as matrizes de nanofios são imobilizadas no substrato. Por conseguinte, não há agregação de nanofios, enquanto o enxerto de superfície ainda permite que os electrões sejam injectados eficazmente nos nanofios de ZnO. Além disso, os nanofios densos com comprimento até micrómetros penetram no P3HT, o que não só ajuda a transportar eficazmente a carga de electrões para o elétrodo, mas também reduz notavelmente a distância necessária para os excitões no P3HT atingirem a interface de junção. Esta configuração estrutural ajuda a reduzir a taxa de recombinação de cargas. Por conseguinte, a eficiência da célula solar pode ser melhorada utilizando a modificação da superfície das matrizes de nanofios de ZnO com porfirina.

A utilização de G-P3HT em vez de P3HT puro melhora significativamente o desempenho da célula solar se forem utilizadas as mesmas matrizes de nanofios de ZnO. Acredita-se que a melhoria na recolha de carga em G-P3HT desempenha um papel fundamental neste caso. As resistividades das películas finas de P3HT e G-P3HT foram medidas na geometria de van der Pauw. Verificou-se que o P3HT enriquecido com 5 wt% de grafeno reduz a sua resistividade em mais de duas ordens de grandeza, de 12000 Qcm para o P3HT puro para 72 Qcm para o G-P3HT. Esta melhoria da condutividade está associada ao aumento do comprimento de conjugação e aos efeitos de salto de carga através de segmentos de grafeno em P3HT. O recozimento efectuado no G-P3HT a 110 °C também ajudou a melhorar a morfologia da matriz P3HT e a remover os grupos funcionais residuais da superfície do grafeno. Por conseguinte, a melhoria do desempenho das células solares com a utilização de G-P3HT pode ser atribuída ao aumento do transporte/coleção de orifícios através do grafeno no polímero. A otimização da concentração de grafeno e das condições de preparação do G-P3HT deverá melhorar ainda mais o funcionamento do dispositivo.

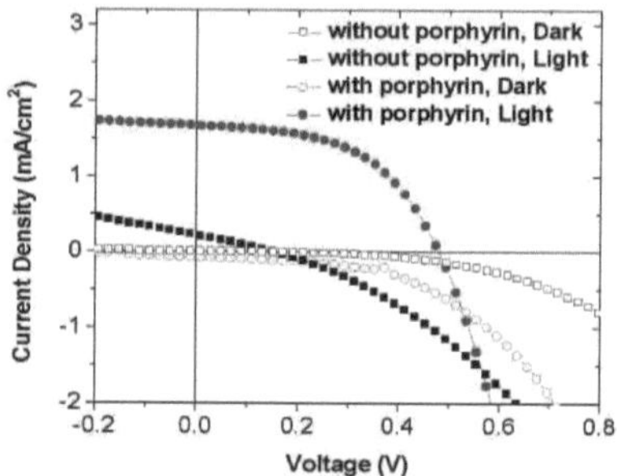

Figura 4.19 Densidade de corrente vs. tensão medida em matrizes de nanofios de G-P3HT e ZnO com e sem enxerto de porfirina.

4.3.4 Efeitos da modificação da porfirina e do recozimento

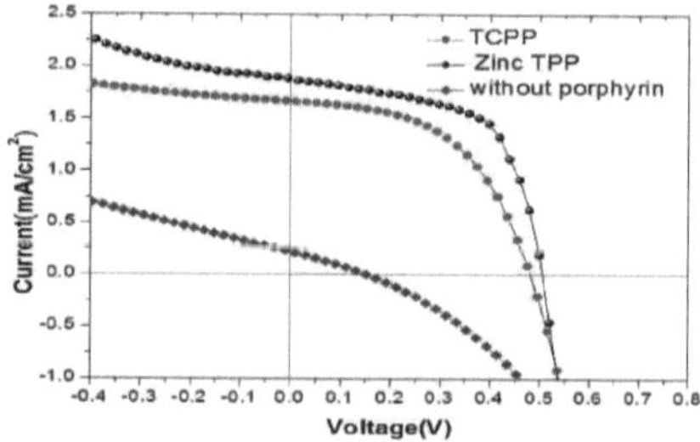

Fig. 4.20 Densidade de corrente vs. tensão medida em matrizes de nanofios G-P3HT/ZnO com e sem enxerto de porfirina

A Figura 4.20 mostra as caraterísticas J-V típicas das estruturas híbridas baseadas em G- P3HT e matrizes de nanofios de ZnO modificadas com porfirinas TCPP e zinco-TPP. Ambos os dispositivos apresentam efeitos fotovoltaicos semelhantes. Os nanofios de ZnO enxertados com porfirina de zinco-TPP apresentam um melhor desempenho fotovoltaico do que os modificados com porfirina TCPP.

A tensão de circuito aberto (V_{oc}) aumentou de 0,479 V para as células solares com porfirina TCPP para 0,505 V para as células com zinco-TTP. A densidade de corrente correspondente J_{sc} também aumentou ligeiramente de 1,67 para 1,87 mA/cm^2 . Note-se que as células solares baseadas em nanofios de ZnO sem modificação da porfirina têm um desempenho muito fraco, sendo a densidade de corrente J_{sc} de 0,214 mA/cm^2 e a tensão de circuito aberto V_{oc} de 0,149 V.
Foi observada uma melhoria do desempenho fotovoltaico nas matrizes de nanofios de ZnO modificadas por ambas as porfirinas.

Alguns factores associados à modificação da superfície podem resultar no aumento da eficiência das células solares através da modificação da porfirina [40]. Como demonstrado na espetroscopia de absorção, o enxerto de porfirina resulta numa absorção adicional nas regiões do UV próximo e do visível, melhorando assim a captação de energia. A adição de porfirina à superfície do ZnO pode formar uma banda intermédia entre o P3HT e o ZnO, o que facilita a transferência de carga através das interfaces de junção. Os nanofios densos, com comprimentos até micrómetros, penetram no P3HT, o que não só ajuda a transportar eficazmente a carga eletrónica para o elétrodo, como também reduz consideravelmente a distância necessária para que os excitões no P3HT atinjam a interface de junção. Esta configuração estrutural ajudaria a reduzir a taxa de recombinação de cargas. A Figura 4.21 mostra os efeitos do recozimento no desempenho das células solares de nanofios. Uma vez que a temperatura de processamento dos dispositivos foi realizada a 110 °C, o recozimento foi efectuado apenas a temperaturas superiores a este valor. A Tabela 4.3 apresenta a corrente de curto-circuito, a tensão de circuito aberto, o fator de enchimento e a eficiência da G-P3HT/ZnO NW após o recozimento.

Tabela 4.2. Corrente de curto-circuito, tensão de circuito aberto, fator de enchimento e eficiência dos nanofios P3HT+G/ZnO modificados por TCPP e TPP.

Porfirina	I_{sc} (mA/cm)^2	Voc(Volt)	FF	Eficiência (%)
Sem porfirina	0.23	0.17	0.23	0.0087
TCPP	1.67	0.479	0.57	0.456
Zinco TPP	1.868	0.505	0.59	0.558

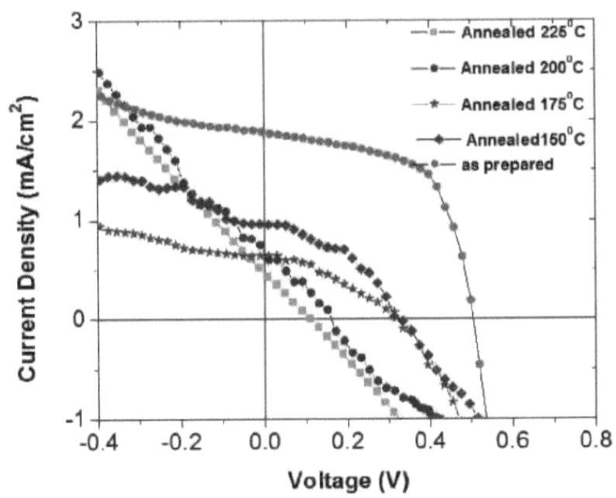

Figura 4.21 Densidade de corrente vs. tensão medida em matrizes G-P3HT/grafted ZnO NW com TPP após recozimento a diferentes temperaturas sem recozimento, 150⁰ C, 1750C, 200⁰ C e 225⁰ C.

Pode ver-se que o recozimento faz com que o desempenho da célula solar se deteriore continuamente. Este comportamento pode ser explicado pela mudança estrutural das unidades de porfirina para pirrolo induzida pelo recozimento.

O macrociclo da porfirina é uma molécula aromática que contém 22 electrões *T*, mas apenas 18 deles estão envolvidos em qualquer via de deslocalização. Obedece à regra de aromaticidade de Huckl (4n+2 electrões Pi) [176]. A porfirina não é muito estável devido à alteração da sua estrutura química com o aumento da temperatura de recozimento. Após o recozimento, verificou-se que a cor muda gradualmente de púrpura para cinzento-escuro com o recozimento até 225 °C. Os principais picos de absorção na região visível desapareceram totalmente após o recozimento a 225 °C. Em vez disso, foi observada uma nova banda de absorção larga na região do UV próximo. A degradação da porfirina provoca a diminuição da eficiência da célula solar.

Tabela 4.3. Corrente de curto-circuito (Jsc), tensão de circuito aberto (Voc), fator de enchimento (FF) e eficiência das células solares G-P3HT/ZnO NW após recozimento a diferentes temperaturas.

Temperatura de recozimento (°C)	Voc(V)	Isc (mA/cm)²	FF	Eficiência (%)
Como preparado	0.505	1.86	0.57	0.55
150	0.33	0.98	0.41	0.068
175	0.32	0.68	0.318	0.068
200	0.15	0.6	0.237	0.034
225	0.09	0.4	0.133	0.0122

A partir das curvas J-V, as resistências em série (R_s) e em derivação (R_{sh}) podem ser calculadas utilizando [27],

$$R \approx (I/V)^{-1} \tag{1}$$

Como V é maior do que V_{oc} e se aproxima de zero, uma célula solar ideal tem um Rs próximo de zero e um R_{sh} que se aproxima do infinito.

A Tabela 4.4 mostra os valores calculados de Rs e R_{sh} dos dispositivos recozidos. Como esperado, a resistência em série aumenta enquanto a resistência em derivação diminui com o aumento da temperatura de recozimento. Esta alteração é atribuída à degradação da porfirina. A 225 °C, o corante de porfirina pode ter sido totalmente convertido em material de carbono, que é uma camada isolante, e a junção entre os nanofios de ZnO e o G-P3HT não é promissora para as células solares nesta altura, o que resulta num mau desempenho da célula solar.

A espetroscòpia de impedância eletroquímica foi medida para compreender melhor o impacto do recozimento no desempenho da célula solar. A Figura 4.22 mostra os espectros EIS obtidos nas estruturas das células solares após recozimento a diferentes temperaturas. As medições foram efectuadas a 0,3 V e numa gama de frequências de 0,005 a 1 MHz sob iluminação de 1,5 Air Mass (AM). Os dados podem ser utilizados para quantificar diretamente o processo de transferência de carga associado ao recozimento. Os espectros EIS das células recozidas a 200 °C e 225 °C apresentam curvas de semicírculo, enquanto as células preparadas e recozidas a 150 °C e 175 °C apresentam caraterísticas de semicírculo duplo. A caraterística de duplo semicírculo pode implicar o papel desempenhado pela porfirina nas células solares.

Após recozimento a temperaturas muito elevadas, a porfirina foi destruída e o EIS mostrou uma única caraterística de semi-círculo. Estes espectros EIS mostram que a resistência em série aumenta à medida que a temperatura de recozimento é aumentada, o que está de acordo com os dados obtidos a partir das medições da curva J-V das células solares.

Tabela 4.4. Resistências em série e em derivação calculadas para os nanofios G-P3HT/ZnO recozidos a diferentes

Temperatura de recozimento (°C)	Rs (n)	Rsh (n)
Como preparado 110 °C	5600	78
150 °C	3100	186
175 °C	1400	220
200 °C	183	306
225 C	211	459

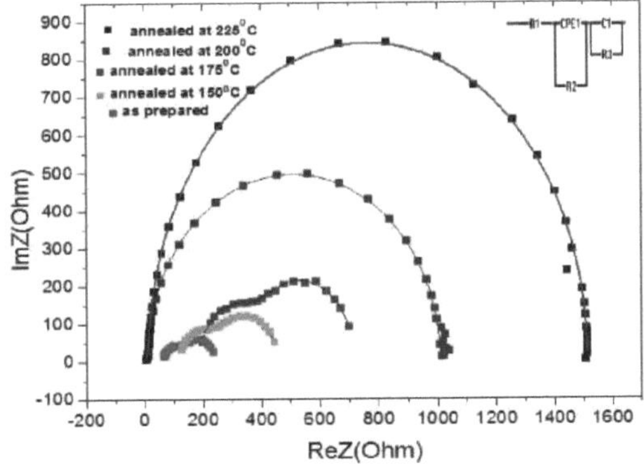

Figura 4.22 Espectroscopia de impedância eletroquímica de células solares G-3HT/ZnO NW após recozimento a diferentes temperaturas. Os quadrados sólidos são dados experimentais e as curvas sólidas são simulações utilizando um circuito equivalente apresentado na parte superior da figura.

4.3.5 Efeito do c_{60} em fotovoltaicos híbridos orgânicos-inorgânicos

As propriedades eléctricas da superfície dos nanobastões de ZnO são cruciais para o desempenho das células solares. Depositámos um condutor de electrões de c_{60} para enxerto nos nanobastões de ZnO para estruturas fotovoltaicas híbridas G-P3HT. Verificámos que há um aumento de 60 e 20 % na corrente de curto-circuito (J_{sc}) e na tensão de circuito aberto (V_{oc}), respetivamente, para o dispositivo após a modificação com c_{60}. A camada de c_{60} ajuda a separação de excitões na interface da mistura ZnO/polímero.

A Figura 4.23 (a) mostra a vista superior SEM para as matrizes de nanofios de ZnO crescidas com sucesso alinhadas verticalmente no substrato de vidro ITO. A Figura 4.23 (b) mostra a vista superior SEM para as matrizes de nanofios de ZnO modificadas por c_{60}. O diâmetro da vareta é de cerca de 100 nm e a distância vareta a vareta é de cerca de 20 nm-40 nm. A figura 4.23c e a tabela 4.5 mostram a espetroscopia de raios X por dispersão de energia (EDX) da estrutura $ZnO/C60$. Os picos a 3,3 e 3,5 keV provêm do substrato de vidro ITO. O pico a 0,3 keV provém do carbono do C60 e os picos a 0,5 e 0,9 keV provêm dos nanofios de ZnO. A Figura 4.23d indica que a fotoluminescência foi atenuada nas regiões do UV e do visível quando os fulerenos c_{60} foram enxertados no ZnO NW para serem sensibilizados. Podemos concluir a possibilidade de transferência de energia de ressonância de fluorescência que causa a extinção estática devido à agregação do corante na superfície do ZnO NW. Assim, atribuímos esta atenuação da fotoluminescência à transferência eficiente de electrões fotoinduzidos dos fulerenos para a NW de ZnO, como se pode ver no diagrama do nível de energia do LUMO bem combinado do c_{60} com a banda de condução da NW de ZnO. Há uma clara redução na intensidade de PL da emissão da banda de defeito, uma indicação de uma diminuição dos estados de defeito na superfície do ZnO NW. Nestes casos, é menos provável que os electrões transferidos fiquem presos na NW de ZnO e os electrões podem difundir-se de volta para o TCPP para se recombinarem com os buracos no P3HT. Assim, tanto os eventos de aprisionamento de carga como a recombinação de volta são reduzidos como resultado da modificação da superfície.

A Figura 4. 23 (e) apresenta os espectros de difração de raios X (XRD) de C60 (curva preta), ZnO NW (curva azul) e estrutura ZnO/C60 (curva vermelha). O pico centrado em 2 theta ~31,11^0 e 36,13^0 é do vidro ITO e os picos fortes 2 theta ~34.2^0 são da superfície do ZnO NW. Após a introdução do C60 no ZnO NW, o pico adicional de 10,723^0 do C60 funde-se com o espetro XRD do ZnO NW, a dispersão do C60 agrega-se e cristaliza os resultados da superfície do ZnONW, confirmando a existência do C60 entre as matrizes de ZnO NW. A estrutura cristalina das películas de ZnONW e C60 foi examinada por difração de raios X (XRD)

Os padrões de XRD foram registados num difratómetro de raios X (Riguku Miniflex 600) com radiação Cu K$_a$ (1=1,54059 A^0 a uma velocidade de varrimento de 2 graus/min. ^{00}Os resultados explicam que o efeito da estrutura cristalina final após a modificação por Fullerenes C60 e a agregação de C60 à superfície de ZnO NW não introduzem qualquer alteração na estrutura cristalina de ZnO NW. As caraterísticas J-V dos quatro dispositivos: ZnO NW/P3HT-G, ZnONW/C60, ZnO Flat/P3HT-G, e ZnO Flat C60/P3HT-G são mostradas na Figura 4.25. A Tabela 4.6 lista os valores de Jsc, Voc, FF e PCE. A eficiência de conversão de energia aumenta de 0,05% para 0,42% para ZnO NW /C60 e de 0,013% para 0,2% para a estrutura plana.

Para compreender as razões subjacentes ao aumento do PCE pela modificação do C60, explorámos as suas propriedades ópticas, como se pode ver na figura 4.24 O limite de absorção das matrizes de nanofios de ZnO é de aproximadamente 375 nm. Depois de modificada por uma camada de C60 na superfície dos nanofios de ZnO, não foi observada qualquer alteração significativa na densidade de absorção ótica das matrizes de nanofios de ZnO pristinas. Ao infiltrar um material ativo P3HT-G na estrutura ZnO/C60, obtém-se uma forte absorção com caraterísticas espectrais claras. Os três picos de absorção vibrónica da molécula de P3HT a 515, 550 e 600 nm não mostram qualquer alteração notável na presença da camada de C60, sugerindo que não foram feitas diferenças significativas no polímero. Por conseguinte, a camada de C60 não contribui significativamente para a captação de fotões.

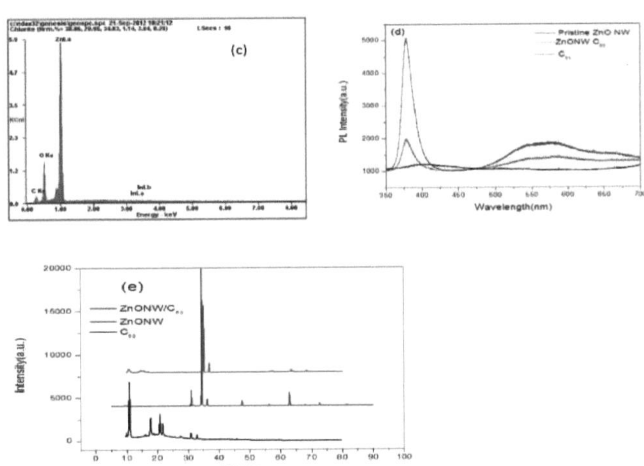

Figura.4.23 a) Imagens SEM de vista superior das matrizes de ZnONW cultivadas em vidro ITO, b) Imagens SEM de ZnO NW modificadas por C60. c) Espectro EDX de C60 revestido por spin nos nanobastões de ZnO bem alinhados
d) Espectro de fotoluminescência de ZnO NW (linha azul) e ZnO NW enxertado com C60 (linha vermelha) em THF, excitado a 325 nm com a mesma densidade ótica, E) Espectro de XRD de matrizes de ZnO NW pristinas (curva preta), ZnO NW (curva azul) e ZnO NW enxertado com C60 (vermelho) ERENES C60.

4.5 TABELA DE PADRÕES DE QUANTIFICAÇÃO DO EDAX

Dispositivos	J_{sc} (mA/cm)^2	Voc(Volt)	FF	PCE
ZnO NW /C60	2.18	0.49	0.43	0.42
ZnO NW	0.47	0.37	0.28	0.05
ZnO plano	0.1146	0.37	0.3	0.013
ZnO plano /C60	1.51	0.4145	0.32	0.2

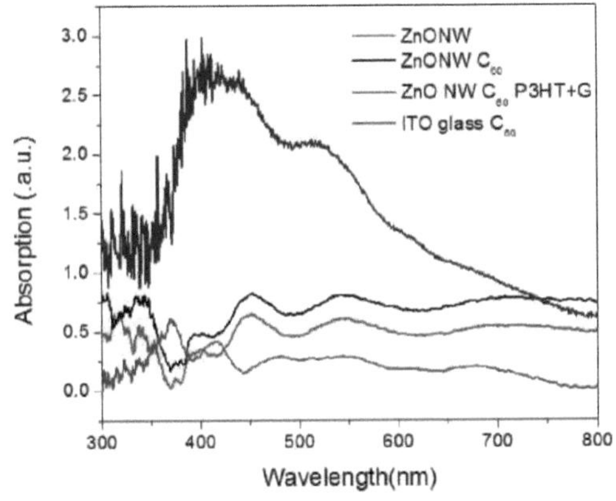

Figura.4.24 Espectros de absorção Uv-Visível de ZnONW, ZnONW/C60 e ZnONW/C60 /P3HT-G.

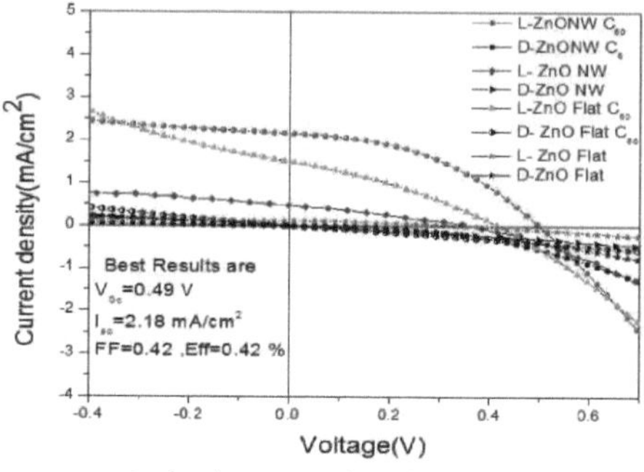

Figura4.25.Caraterísticas corrente-tensão dos dispositivos fotovoltaicos, com e sem C60ZnONW e ZnO plano.

A Tabela 4.6 resume o desempenho IV das células solares híbridas com e sem C60 para ZnO NW e ZnO Flat.

Dispositivos	J_{sc} (mA/cm)^2	Voc(Volt)	FF	PCE
ZnO NW /C60	2.18	0.49	0.43	0.42
ZnO NW	0.47	0.37	0.28	0.05
ZnO plano	0.1146	0.37	0.3	0.013
ZnO plano /C60	1.51	0.4145	0.32	0.2

4.4 Nanofios de ZnO em células solares de hetrojunção em massa:

A estrutura dos dispositivos de células solares de nanofios é apresentada na Fig. 4.26. Contém matrizes de NW alinhadas verticalmente, incorporadas numa película fina de P3HT: PCBM. As NWs foram depositadas numa película fina de ZnO previamente fabricada num substrato de vidro ITO. Esta estrutura terá um melhor alinhamento dos níveis de energia entre o ZnO e o P3HT/PCBM para melhorar a injeção e a recolha de carga na junção. Os procedimentos experimentais pormenorizados para a preparação dos materiais e o fabrico dos dispositivos de células solares são descritos a seguir. Na literatura [40] também se encontram procedimentos semelhantes.

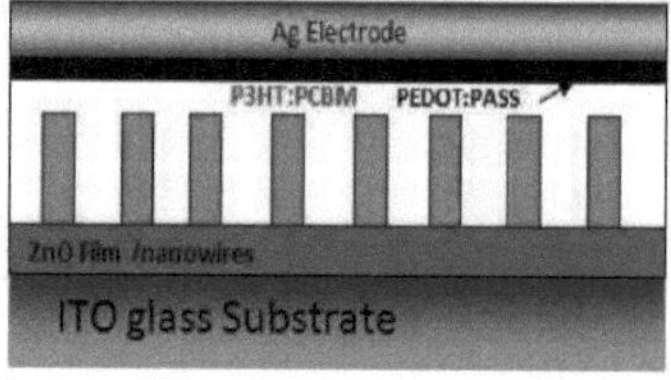

Figura 4.26. Diagrama esquemático de uma célula solar NW com NWs de ZnO incorporadas numa película de heterojunção P3HT: PCBM.

A película fina de ZnO foi depositada utilizando um eletrólito contendo 0,35 M de acetato de zinco desidratado em 2 metoxietanol como solvente. A solução foi aquecida a 60 °C numa placa quente, com agitação a 200 rpm durante 2 horas. A solução resultante foi então depositada num vidro ITO por um processo de revestimento por rotação a 3000 rpm durante 30 segundos. A película foi colocada numa placa de aquecimento e aquecida a 500-600 °C durante 1 hora. Este processo produz uma película de ZnO de 50-70 nm. As matrizes de ZnO NW alinhadas verticalmente foram depois fabricadas sobre a película de ZnO através de um método hidrotérmico [41]. As amostras foram cultivadas numa solução precursora aquosa de nitrato de zinco (0,025 M) e hexametilenotetramina

(0,025 M) a 95 °C. O NW

As superfícies foram modificadas por tetra (4-carboxifenil) porfirina (TCPP), que foi adquirida à Sigma Aldrich e utilizada tal como recebida, sem qualquer outra purificação. O corante TCPP de 0,0002 M foi dissolvido em THF à temperatura ambiente. Depois de as NW de ZnO terem sido imersas na solução de porfirina durante a noite, a amostra foi lavada com água desionizada e seca com azoto gasoso.

Os dispositivos fotovoltaicos NW foram fabricados por revestimento por rotação de P3HT: PCBM (1:1 em peso em diclorobenzeno) sobre as matrizes NW orientadas a diferentes velocidades durante 45 segundos. Em seguida, as amostras foram submetidas a uma secagem lenta através de um pré-envelhecimento a 105 °C durante 10 min, seguido de um revestimento por centrifugação de PEDOT:PSS (1:6 em isopropanol) a 2000 rpm sobre o P3HT:PCBM. A mistura de polímeros pode ser continuamente infiltrada nos espaços entre as NWs antes de o solvente secar. O elétrodo de Ag foi então depositado como contacto posterior. Os dispositivos foram embalados num porta-luvas sob uma atmosfera de azoto e recozidos a 140 °C durante 10 minutos.

A estrutura e a morfologia das matrizes de NW de ZnO e as estruturas NW/P3HT:PCBM foram caracterizadas por microscopia eletrónica de varrimento (SEM, JSM 7000F). A absorção UV-Vis foi medida pelo espetrofotómetro LAMBDA 750 UV-Vis. As caraterísticas corrente-tensão (J-V) dos dispositivos de células solares foram avaliadas utilizando uma unidade de medição de fontes Keithley 2400 sob uma intensidade de iluminação de 100 mW/cm^2 a partir de um simulador solar.

A Figura 4.27 (a) mostra uma vista de cima de uma matriz de NW de ZnO. As NWs têm um diâmetro médio de cerca de 100 nm. O diâmetro das NW de ZnO é de cerca de 70 a 100 nm, o que não se altera significativamente com o tempo de crescimento. Assim, é mais fácil controlar o comprimento das NW alterando simplesmente o tempo de crescimento. As Figuras 4.27(b) e 4.27(c) mostram imagens de secções transversais das NWs de ZnO revestidas com P3HT: PCBM a velocidades de centrifugação de 1000 (b) e 600 rpm (c). A velocidade de centrifugação do revestimento afecta a infiltração de P3HT: PCBM nos espaços entre as NW de ZnO, embora os revestimentos sejam principalmente filtrados para a camada superior das NW. A velocidade mais lenta pode ajudar a obter uma maior infiltração do que a velocidade mais elevada.

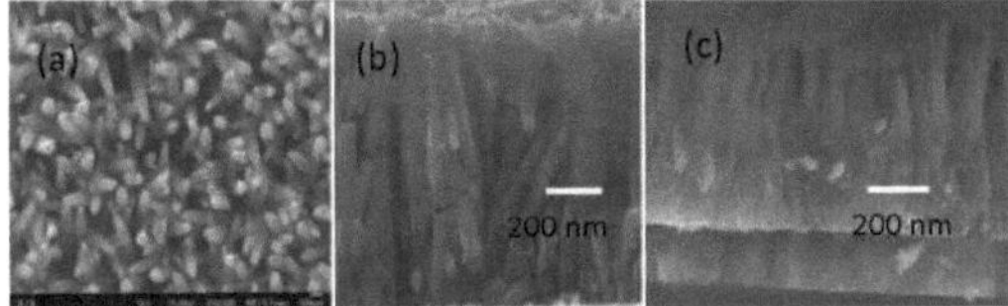

Figura 4.27 Vista superior SEM de uma matriz de ZnO NW (a), secção transversal de ZnO NWs/P3HT: PCBM revestido a 1000 rpm (b), ZnO NWs/P3HT: PCBM revestido a 600 rpm (c).

Para investigar os efeitos da porfirina nas propriedades ópticas do ZnO, os espectros de absorção ótica das NWs de ZnO modificadas com TCPP foram medidos e comparados com as NWs de ZnO não modificadas e com a porfirina pura em solução, como se mostra na Figura 4.28(a). A porfirina TCPP em solução tem um forte pico de absorção em torno de 425 nm e uma série de pequenos picos na gama do visível (558 nm e 597 nm), o que é semelhante ao registado na literatura [41]. As NWs de ZnO modificadas com a porfirina TCPP apresentam um forte aumento da absorção numa vasta gama de comprimentos de onda, o que é atribuído ao efeito de captura de luz das matrizes de NW.

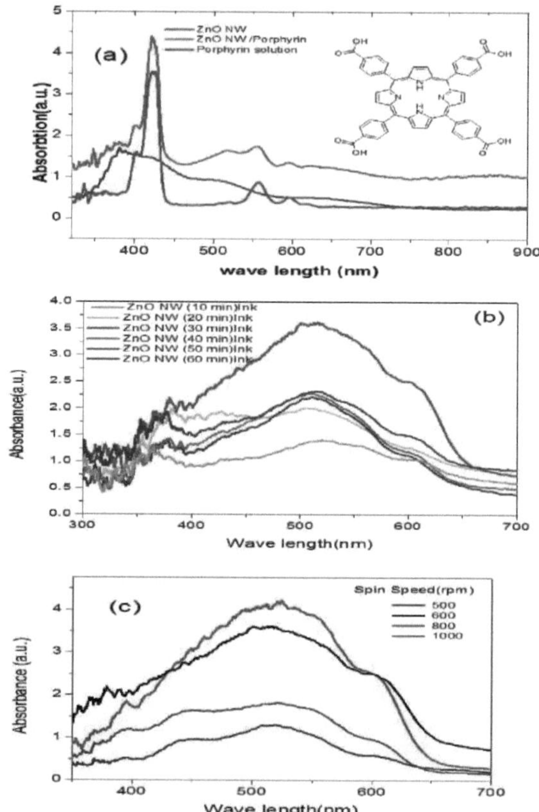

Figura 4.28 Espectros de absorção UV-Vis de ZnO NWs e porfirina (a),
NWs de ZnO revestidas com P3HT: PCBM cultivadas durante diferentes períodos (b) e matrizes de NWs de ZnO
revestidas com P3HT: PCBM para diferentes velocidades de revestimento por centrifugação para P3HT: PCBM (c).

A Figura 4.29 b) mostra a absorção dos materiais activos P3HT: PCBM revestidos com ZnO NWs cultivadas durante diferentes períodos de tempo, de 10 a 60 min. O tempo de crescimento curto resulta em
ZnO NWs. Pode ver-se que as amostras preparadas durante mais tempo fazem aumentar a absorção de P3HT: PCBM. Isto pode resultar do facto de mais P3HT: PCBM ser revestido nas NWs.

A Figura 4.28 (c) mostra a absorção dos materiais activos P3HT: PCBM depositados a diferentes velocidades de revestimento por centrifugação. Pode ver-se que a amostra depositada a uma velocidade de centrifugação inferior tem uma absorção mais forte, enquanto as amostras depositadas a uma velocidade superior têm uma absorção mais fraca. As diferenças de absorção são atribuídas à dependência da infiltração do polímero nas lacunas entre os nanofios. As velocidades mais elevadas resultaram numa menor deposição ou infiltração de materiais activos nos espaços entre os NW, o que também afectará o desempenho da célula solar, tal como descrito abaixo.

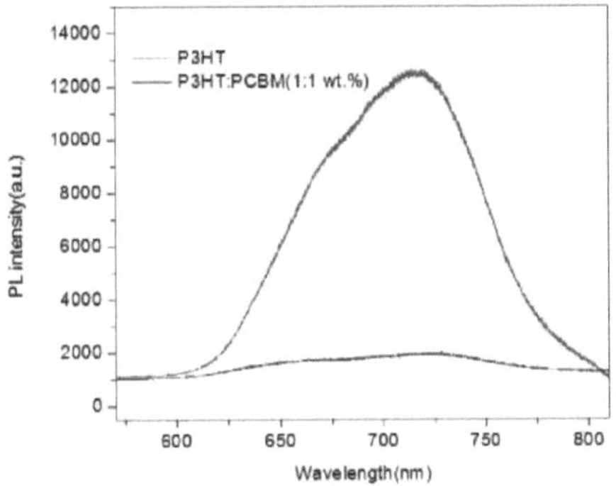

Figura 4.29 Espectros PL de filmes de P3HT e P3HT: PCBM (1:1) em Diclorobenzeno, excitados a 325 nm com a mesma potência.

Figure 4.28 mostra a PL do P3HT e do P3HT/PCBM. A intensidade de PL do P3HT é completamente atenuada após a mistura com PCBM, enquanto a forma espetral permanece a mesma.

Este efeito beneficiará o desempenho da célula solar devido à menor perda de energia através da emissão de luz em resultado da recombinação de cargas.

A figura 4.30 e a tabela 4.7 mostram a medição I-V das células solares depositadas a diferentes velocidades de rotação para a camada ativa P3HT: PCBM. Verifica-se que a velocidade de revestimento afecta o desempenho da célula solar. A baixa velocidade de centrifugação a 500 rpm resulta numa eficiência de 2,1%, enquanto a velocidade a 1000 rpm causa uma eficiência de 1,2%. O desempenho diferente está provavelmente associado à infiltração do polímero nas NWs. Como já foi referido, a baixa velocidade de centrifugação resultou em melhores filtrações no espaço dos nanofios.

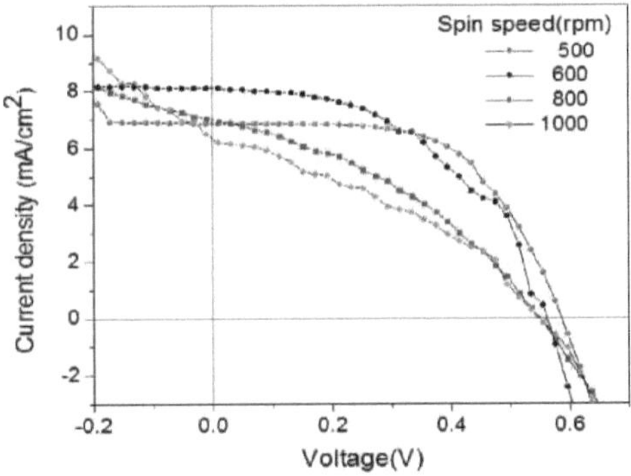

Figura 4.30 Densidade de corrente vs. tensão medida em células solares que incluem matrizes P3HT:PCBM/ZnO NW depositadas com diferentes velocidades de rotação.

Tabela 4.7 Corrente de curto-circuito (Jsc), tensão de circuito aberto, fator total e eficiência de conversão de energia para células solares que incluem matrizes P3HT: PCBM/ZnO NW depositadas com diferentes velocidades de rotação.

ZnONW diferentes velocidades de centrifugação (rpm) a 10	Corrente de curto-circuito	Circuito aberto Tensão (Voc)	Fator total	Eficiência de conversão de energia (PCE)%
500	6.875	059	0.45	2.06
600	8.111	055	0.4S	2.18
BOO	6.9	055	0.38	1.42
1000	6.5	0.535	0.33	1.16

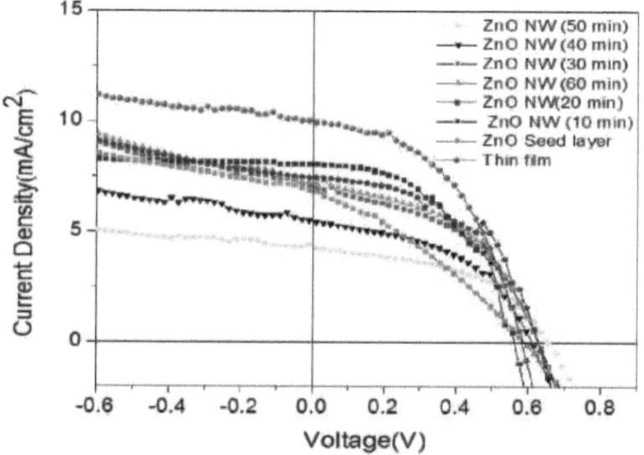

Figura 4.31 Densidade de corrente versus tensão medida em células solares P3HT: PCBM/ZnO NW utilizando ZnO NWs de diferentes tempos de crescimento (ou seja, diferentes comprimentos de nanofios).

A Figura 4.31 mostra o desempenho da célula solar para dispositivos com NWs de ZnO com diferentes tempos de crescimento. medida que o tempo de crescimento do ZnO aumenta, o desempenho da célula piora.

Para efeitos de comparação, foi também incluída uma célula solar de película fina padrão de vidro ITO/pedot: pss/P3HT: PCBM:/Al e outra que utiliza apenas uma camada de semente de ZnO. Entre as células solares NW, o melhor desempenho foi observado na célula com NWs de ZnO crescidas durante 10 minutos, com um V_{oc} de 0,55 V, J_{sc} de 8,11 mA/cm² e uma eficiência de 2,18%. O tempo de crescimento mais longo resultou num comprimento maior das NWs. Pode-se ver que o comprimento maior das NWs não ajuda o desempenho das células solares neste estudo. Entre todos os dispositivos de células solares com diferentes comprimentos de NW de ZnO, o melhor desempenho é dado pelo dispositivo com 10 minutos de crescimento de NW de ZnO. Este apresenta uma melhoria de cerca de 40% na eficiência devido à melhoria da corrente de saída.

Embora a absorção de P3HT: PCBM tenha aumentado quando foram utilizados nanofios mais longos, o desempenho da célula solar não melhorou. Uma das razões pode ser o transporte elétrico e os problemas de infiltração do polímero em nanofios mais longos, porque as cargas têm de percorrer uma distância maior para chegar ao elétrodo posterior para recolha. Além disso, o material ativo P3HT: PCBM foi revestido apenas na camada superior dos nanofios. Se a filtragem não for melhorada no caso de NWs mais longas, o transporte de carga através dos nanofios será mais longo. Ao mesmo tempo, os nanofios mais longos deixam uma grande parte dos fios sem revestimento, o que não contribui para o desempenho da célula solar, mas causa um impacto negativo. Se os materiais activos puderem ser totalmente infiltrados nos espaços entre os nanofios, a eficiência da célula solar deverá ser melhorada com nanofios mais longos.

A Figura 4.32 mostra as curvas I-V das células solares NW com e sem modificação da superfície.

Observa-se que as NW modificadas à superfície têm melhor desempenho do que as células sem modificação. O dispositivo com NWs de ZnO cultivadas durante 10 minutos e modificadas com TCPP apresenta um V_{oc} de 0,67 V, um J_{sc} de 9,22 mA/cm^2 e uma eficiência de 3,13%. Isto demonstra um aumento de 30% na eficiência através da modificação da superfície, o que pode ser explicado da seguinte forma. A adição de porfirina à superfície de ZnO pode formar uma banda intermédia entre P3HT: PCBM e ZnO, o que permite uma transferência de carga mais fácil através das interfaces de junção. As NW densas penetram no P3HT: PCBM, o que não só ajuda a transportar eficazmente a carga de electrões como também ajuda a reduzir a taxa de recombinação de cargas.

O estudo ótico mostrou que a utilização de TCPP pode reduzir a fotoluminescência da emissão da banda de defeito do ZnO. Isto pode ser uma indicação de uma diminuição dos estados de defeito superficial na superfície das NW de ZnO quando a porfirina TCPP é enxertada nas NW de ZnO. Esta atenuação da fotoluminescência pode ser atribuída à transferência eficiente de electrões fotoinduzidos da porfirina TCPP para as NW de ZnO. Neste caso, é menos provável que os electrões transferidos fiquem retidos na superfície das NW de ZnO e possivelmente se difundam de volta para o TCPP para se recombinarem com o buraco no P3HT. Assim, tanto os eventos de aprisionamento de carga como a recombinação de retorno são reduzidos em resultado da modificação da superfície, o que contribuiria para o desempenho da célula solar.

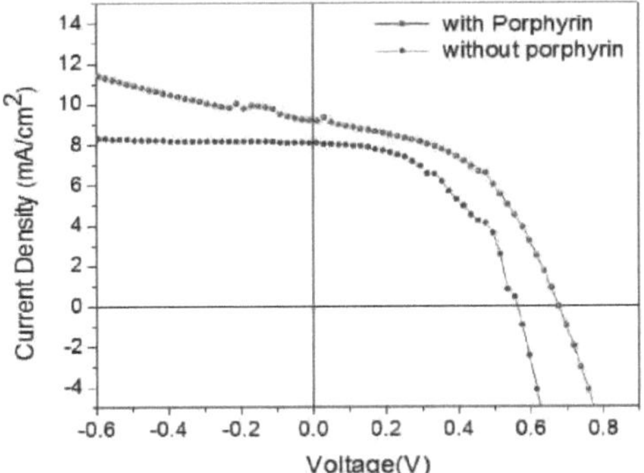

Figura 4.32. Densidade de corrente vs. tensão medida em P3HT: PCBM/ZnO NWs com e sem modificação da porfirina.

Conclusão e trabalho futuro

O P3HT enriquecido com grafeno (G-P3HT) e o enxerto de porfirina na superfície do nanofio de ZnO foram estudados para aplicações em células solares híbridas, que contêm matrizes de nanofios de ZnO embebidas em polímero orgânico de P3HT ou G-P3HT. Verificou-se que o enxerto de superfície por porfirina melhorou significativamente o desempenho da célula solar, o que é atribuído à injeção de carga melhorada nas interfaces de junção e ao aumento da absorção de luz. A utilização de G-P3HT como polímero do tipo p melhora ainda mais a eficiência da célula solar devido à maior recolha de buracos em P3HT na presença de grafeno. Este estudo indica que uma combinação de modificação da superfície dos nanofios inorgânicos e de uma melhor condução do polímero com grafeno é prometedora para o fabrico de células solares híbridas de nanofios de elevada eficiência.

Dois tipos de porfirina (TCPP e zinco-TTP) mostraram um impacto positivo no desempenho da célula solar. O efeito do recozimento a temperaturas superiores à temperatura de processamento também foi investigado. Verificou-se que o recozimento provocou a alteração da estrutura molecular da porfirina, o que resultou numa degradação do desempenho da célula. A espetroscopia de impedância eletroquímica também foi medida para compreender o efeito do recozimento nos dispositivos de células solares.

As matrizes de nanoplacas de ZnO foram sintetizadas com sucesso em substratos de vidro revestidos com ITO a uma temperatura baixa de 65 C numa única etapa. A estrutura e a morfologia das matrizes de nanoplacas de ZnO foram investigadas utilizando XRD e SEM. As matrizes de nanoplacas de ZnO foram utilizadas para fabricar dispositivos fotovoltaicos com P3HT puro e misturas de P3HT: PCBM.

A eficiência de conversão de energia foi aumentada até 71% na presença de PCBM. Para melhorar ainda mais o desempenho, alteraremos a nanoestrutura de ZnO para nano-órgão de ZnO e depois para nano-árvore de ZnO.

Além disso, os nanocompósitos MWNT-PANI foram preparados utilizando um método de polimerização eletroquímica in-situ que é caracterizado por várias técnicas. Foram fabricadas células solares de heterojunção compostas por TiO2 nanocristalino e nanocompósito MWNT-PANI. Verificou-se que o processo de polimerização in-situ pode levar a interações eficazes e selectivas entre o anel quinoide da PANI e os MWNT, o que facilita os processos de transferência de carga entre os dois componentes. As propriedades electrónicas melhoradas da PANI devido à incorporação de MWNT contribuem para melhorar o desempenho das células solares. Embora ainda seja necessário muito trabalho para melhorar o desempenho das células solares, este estudo demonstra que os compósitos MWNT-PANI são materiais potenciais para o fabrico de células solares de baixo custo.

Além disso, foram fabricadas células solares fotoquímicas reforçadas com nanotubos de carbono de paredes múltiplas, utilizando nanocristais semicondutores de TiO2 sensibilizados por corantes. A incorporação do revestimento de MWNT no contra-elétrodo ajuda a aumentar a sua área de contacto com o eletrólito e a melhorar as propriedades catalíticas do contra-elétrodo, o que contribui para um transporte eficaz da carga e para uma melhor fotoconversão das células solares. Verificou-se que o tratamento com plasma melhora as propriedades catalíticas dos MWNT. No entanto, a otimização dos processos de plasma é necessária para ter um impacto positivo no desempenho das células solares. O fabrico baseia-se numa técnica de aerografia de baixo custo, que não requer um aparelho elaborado para o fabrico e, por conseguinte, é tecnicamente atractiva para a produção em massa. Também pode ser facilmente aplicada ao fabrico de células solares flexíveis utilizando MWNTs como contra-elétrodo.

Por último, investigámos células solares sensibilizadas por pontos quânticos de CdS com polímeros condutores que utilizavam a polianilina como contra-elétrodo. A utilização de pontos quânticos de CdS nesta estrutura de sensibilização em bicamada de ALD TiO2/CdS/TiO2/corante mostrou uma melhoria significativa no desempenho da célula solar, que pode resultar da supressão da taxa de recombinação nas interfaces e do aumento da captação de luz. Foi também estudado o efeito do tempo de crescimento dos nanocristais de CdS durante a deposição por banho químico no desempenho da célula solar. À medida que o tempo de crescimento aumentou até 90 minutos, a célula mostrou uma melhoria contínua na eficiência de conversão de energia. No entanto, com um aumento contínuo do tempo de crescimento superior a 90 minutos, o desempenho da célula piorou devido à degradação da camada de nanocristais de CdS. O espetro de impedância eletroquímica foi utilizado para investigar os efeitos dos nanocristais de CdS na transferência de carga nas NCSSCs, o que indicou que os pontos quânticos de CdS ajudam a injeção de carga em resultado da redução da resistência à transferência de carga no sistema e, por conseguinte, ajudam o desempenho da célula solar. Verificou-se também que a célula solar com um contra-elétrodo de PANI era semelhante à que utilizava um elétrodo de platina fabricado em condições semelhantes, o que indica que a PANI, com as suas estruturas porosas e a sua inércia ideal à corrosão em relação ao par redox polissulfureto, é promissora para substituir a platina nas NCSSC. Este estudo demonstra que é possível obter NCSSCs de elevada eficiência utilizando nanocristais de CdS em condições de crescimento óptimas e polianilina como contra-elétrodo, o que é tecnicamente atrativo para uma produção económica e em grande escala.

Para o trabalho futuro:

Para trabalhos futuros, será investigado o desempenho de células solares híbridas melhoradas por nanofios de ZnO modificados por $C60, N709$ ou Ranthum. Este aspeto será investigado para melhorar as propriedades eléctricas da superfície do nanofio de ZnO e aumentar a taxa de dissociação, aumentando assim a eficiência da conversão de energia. Além disso, poderão ser utilizados alguns materiais alternativos, como os CNT ou os revestimentos de grafeno, devido ao seu rácio intrínseco de grande área superficial em relação ao volume e à facilidade de revestimento em grandes áreas com técnicas económicas, como a pulverização e a fundição gota a gota. Além disso, estes alótropos de carbono possuem propriedades mecânicas de elevada resistência e podem ser utilizados como nanoestruturas plasmónicas para reter a luz e melhorar as propriedades eléctricas da superfície do nanofio de ZnO com dispositivos fotovoltaicos de hetrojunção de P3HT: PCBM, utilizando um nanofio de ZnO modificado que é utilizado como elétrodo de recolha de carga.

Numa heterojunção em massa, os dadores de electrões, como o poli (3-hexitiofeno) (P3HT) e os aceitadores, como o éster metílico do ácido (6,6)-fenil C61butírico (PCBM), são misturados para formar uma camada mista. Neste sistema, a separação de cargas dos excitões foto-induzidos é grandemente melhorada devido à transferência ultra-rápida de electrões e à grande interface entre os dois componentes. Uma das caraterísticas importantes deste tipo de célula solar é a existência de uma espessura óptima dos dispositivos, normalmente de 100-200 nm, dependendo da mistura perfeita dos materiais.

REFERÊNCIAS

[1]Abbott, D., Keeping the energy debate clean: How do we supply the world's energy needs? *Actas do IEEE* **2010**, *98* (1), 42-66.

[2]Vangen, K.; Melaa, T.; Bergsmark, S.; Nilsen, R. In *Efficient high-frequency soft-switched power converter with signal processor control*, Telecommunications Energy Conference, 1991. INTELEC'91, 13ª Internacional, IEEE: 1991; pp 631-639.

[3] Scully, S. R.; McGehee, M. D., Physics and Materials Issues of Organic Photovoltaics. Em *Flexible Electronics*, Springer: 2009; pp 329-371.

[4]Sariciftci, N.; Smilowitz, L.; Heeger, A.; Wudl, F., Photoinduced electron transfer from a conducting polymer to buckminsterfullerene. *Science* **1992**, *258* (5087), 1474-1476.

[5] Ferguson, A. J.; Blackburn, J. L.; Kopidakis, N., Fullerenes e nanotubos de carbono como materiais aceitadores em fotovoltaicos orgânicos. *Materials Letters* **2012**.

[6]Wong, L.-Y.; Png, R.-Q.; Silva, F. S.; Chua, L.-L.; Repaka, D. M.; Gao, X.-Y.; Ke, L.; Chua, S.-J.; Wee, A. T.; Ho, P. K., Interação entre processamento, ordem morfológica e mobilidade de portadores de carga em películas finas de politiofeno depositadas por diferentes métodos: Comparação de filmes spin-cast, drop-cast e impressos por jato de tinta. *Langmuir* **2010**, *26* (19), 15494-15507.

[7]Cai, W.; Gong, X.; Cao, Y., Polymer solar cells: recent development and possible routes for improvement in the performance. *Solar Energy Materials and Solar Cells* **2010**, *94* (2), 114-127

[8]Zimmermann, B.; Würfel, U.; Niggemann, M., Longterm stability of efficient inverted P3HT: PCBM solar cells. *Solar Energy Materials and Solar Cells* **2009**, *93* (4), 491-496.

[9]Bermel, P.; Luo, C.; Zeng, L.; Kimerling, L. C.; Joannopoulos, J. D., Improving thin-film crystalline silicon solar cell efficiencies with photonic crystals. *Optics Express* **2007**, *15* (25), 16986-17000.

[10]   Kim, J. Y.; Lee, K.; Coates, N. E.; Moses, D.; Nguyen, T. Q.; Dante, M.; Heeger, A. J., Efficient tandem polymer solar cells fabricated by all-solution processing. *Science* **2007**, *317* (5835), 222-225.

[11]Gimelli, A.; Bottai, M.; Giorgetti, A.; Genovesi, D.; Filidei, E.; Marzullo, P., Evaluation of ischaemia in obese patients: feasibility and accuracy of a low-dose protocol with a cadmium-zinc telluride camera. *Revista europeia de medicina nuclear e imagiologia molecular* **2012**, *39* (8), 1254-1261.

[12]Reese, M. O.; Nardes, A. M.; Rupert, B. L.; Larsen, R. E.; Olson, D. C.; Lloyd, M. T.; Shaheen, S. E.; Ginley, D. S.; Rumbles, G.; Kopidakis, N., Photoinduced degradation of polymer and polymer-fullerene active layers: experiment and theory. *Materiais Funcionais Avançados* **2010**, *20* (20), 3476-3483.

[13]Monthioux, M., Filling single-wall carbon nanotubes. *Carbon* **2002**, *40* (10), 1809-1823.

[14]Schueppel, R.; Timmreck, R.; Allinger, N.; Mueller, T.; Furno, M.; Uhrich, C.; Leo, K.; Riede, M., Controlled current matching in small molecule organic tandem solar cells using doped spacer layers. *Journal of Applied Physics* **2010**, *107* (4), 044503-044503-6.

[15]Yunaz, I. A.; Nagashima, H.; Hamashita, D.; Miyajima, S.; Konagai, M., Wide-gap a-Si1-xCxH solar cells with high light-induced stability for multijunction structure applications. *Solar Energy Materials and Solar Cells* **2011**, *95* (1), 107-110.

[16]Huisman, C. L.; Goossens, A.; Schoonman, J., Preparation of a nanostructured composite of titanium dioxide and polythiophene: a new route towards 3D heterojunction solar cells. *Synthetic Met* **2003**, *138* (1), 237-241.

[17]Staebler, D.; Wronski, C., Reversible conductivity changes in discharge-produced amorphous Si. *Applied Physics Letters* **1977**, *31*, 292.

[18]Wang, N.; Dalal, V. L., Improving stability of amorphous silicon using chemical annealing with hélio. *Jornal de sólidos não cristalinos* **2006**, *352* (9), 1937-1940

[19] http://optics.org/news/4/1/36

[20]Lloyd, M. T.; Olson, D. C.; Berry, J. J.; Kopidakis, N.; Reese, M. O.; Steirer, K. X.; Ginley, D. S. In *Aumento do tempo de vida em fotovoltaicos orgânicos não encapsulados com eléctrodos estáveis ao ar*, Photovoltaic Conferência de Especialistas (PVSC), 2010 35ª IEEE, IEEE: 2010; pp 001060-001063

[21]Kim, S.-S.; Na, S.-I.; Jo, J.; Kim, D.-Y.; Nah, Y.-C., Plasmon enhanced performance of organic solar cells using electrodeposited Ag nanoparticles. *Applied Physics Letters* **2008**, *93*, 073307.

[22]Chen, H.; Zhu, L.; Liu, H.; Li, W., Crescimento de nanofios de ZnO em fibras para células solares unidimensionais flexíveis sensibilizadas por pontos quânticos. *Nanotecnologia* **2012**, *23* (7), 075402.

[23]Paul, G. S.; Kim, J. H.; Kim, M.-S.; Do, K.; Ko, J.; Yu, J.-S., Different hierarchical nanostructured carbons as counter electrodes for CdS quantum dot solar cells. *Acs Applied Materials & Interfaces* **2011**, *4* (1), 375-381.

[24]Sun, W.-T.; Yu, Y.; Pan, H.-Y.; Gao, X.-F.; Chen, Q.; Peng, L.-M., CdS quantum dots sensitized TiO2 nanotube-array photoelectrodes. *Journal of the American Chemical Society* **2008**, *130* (4), 1124-1125.

[25] Fan, X.; Li, X.; Tian, D.; Zhai, J.; Jiang, L., conversão de optoeletrostática em nanotubos de TiO2 sensibilizados com CdS QDs super-hidrofóbicos. *Jornal de ciência coloidal e de interface* **2012**, *366* (1), 1-7.

[26]Samadpour, M.; Giménez, S.; Zad, A. I.; Taghavinia, N.; Mora-Seró, I., Fibras ocas de TiO2 facilmente fabricadas para células solares sensibilizadas por pontos quânticos. *Físico-Química Física Química* **2012**, *14* (2), 522-528.

[27]Lim, C.S.; Im, S. H.; Rhee, J. H.; Lee, Y. H.; Kim, H.J.; Maiti, N.; Kang, Y.; Chang, J. A.; Nazeeruddin, M. K.; Grätzel, M., mediador condutor de buracos para células solares fotoelectroquímicas

sensibilizadas por Sb2S3 estáveis. *Jornal de Química de Materiais* **2012**, *22* (3), 1107-1111.

[28] Chen, J.; Xu, F.; Wu, J.; Qasim, K.; Zhou, Y.; Lei, W.; Sun, L.T.; Zhang, Y., Células fotovoltaicas flexíveis baseadas num nanocompósito de pontos quânticos de grafeno-CdSe. *Nanoscale* **2012**, *4* (2), 441-443.

[29]Chen, H.; Zhu, L.; Li, W.; Liu, H., Síntese e comportamento fotoelectroquímico do filme mesoporoso de óxido de índio-estanho sensibilizado com pontos quânticos de CdS. *Física Aplicada Atual* **2012**, *12* (1), 129-133.

[30]Yu, X.Y.; Liao, J.Y.; Qiu, K.Q.; Kuang, D.B.; Su, C.Y., Estudo dinâmico de células solares sensibilizadas por pontos quânticos CdS/CdSe altamente eficientes fabricadas por eletrodeposição. *Acs Nano* **2011**, *5* (12), 9494-9500.

[31]Jovanovski, V.; Gonzalez-Pedro, V.; Gimenez, S.; Azaceta, E.; Cabanero, G.; Grande, H.; Tena-Zaera, R.; Mora-Sero, I.; Bisquert, J., A Sulfide/Polysulfide-Based [32]Ionic Liquid Electrolyte for Quantum Dot-Sensitized Solar Cells. *Journal of the American Chemical Society* **2011**, *133* (50), 20156-20159.

[33] Yeh, M. H.; Lee, C. P.; Chou, C. Y.; Lin, L. Y.; Wei, H. Y.; Chu, C. W.; Vittal, R.; Ho, K. C., Conduzindo o contra-eletrodo baseado em polímero para uma célula solar sensibilizada por pontos quânticos (QDSSC) com um eletrólito de polissulfeto. *Electrochimica Ata* **2011**, *57*, 277-284.

[34]Hod, I.; Gonzalez-Pedro, V.; Tachan, Z.; Fabregat-Santiago, F.; Mora-Sero, I.; Bisquert, J.; Zaban, A., Dye versus Quantum Dots in Sensitized Solar Cells: Participação do Absorvedor de Pontos Quânticos no Processo de Recombinação. *Jornal de Letras Físico-Químicas* **2011**, *2* (24), 3032-3035.

[35]Lin, M. C.; Lee, M. W., Cu2-xS quantum dot-sensitized solar cells. *Electrochemistry Communications* **2011**, *13* (12), 1376-1378.

[36]Kim, J.; Choi, H.; Nahm, C.; Moon, J.; Kim, C.; Nam, S.; Jung, D. R.; Park, B., The effect of a blocking layer on the photovoltaic performance in CdS quantum-dot-sensitized solar cells. *Journal of Power Sources* **2011**, *196* (23), 10526-10531.

[37]Wang, H.; Miyauchi, M.; Ishikawa, Y.; Pyatenko, A.; Koshizaki, N.; Li, Y.; Li, L.; Li, X.; Bando, Y.; Golberg, D., Single-crystalline rutile TiO2 hollow spheres: room-temperature synthesis, tailored visible- light-extinction, and effective scattering layer for quantum dot-sensitized solar cells. *Jornal da Sociedade Americana de Química* **2011**, *133* (47), 19102-19109.

[38]Shalom, M.; Albero, J.; Tachan, Z.; Martinez-Ferrero, E.; Zaban, A.; Palomares, E., Quantum dot- dye bilayer-sensitized solar cells: Quebrando os limites impostos pela baixa absorbância das monocamadas de corantes. *O Journal of Physical Chemistry Letters* **2010**, *1* (7), 1134-1138.

[39]Lee, Y.L.; Chang, C.-H., Efficient polysulfide electrolyte for CdS quantum dot-sensitized solar cells. *Journal of Power Sources* **2008**, *185* (1), 584-588.

[40]Gao, X.F.; Li, H.-B.; Sun, W.T.; Chen, Q.; Tang, F.Q.; Peng, L.M., CdTe quantum dots-sensitized TiO2 nanotube array photoelectrodes. *Jornal de Química Física C* **2009**, *113* (18), 7531-7535.

[41]Shankar, K.; Feng, X.; Grimes, C. A., Enhanced harvesting of red photons in nanowire solar cells: Evidência de transferência de energia de ressonância. *Acs Nano* **2009**, *3* (4), 788-794.

[42]Yu, K.; Ouyang, J.; Zaman, M. B.; Johnston, D.; Yan, F. J.; Li, G.; Ratcliffe, C. I.; Leek, D. M.; Wu, X.; Stupak, J., Single-Sized CdSe Nanocrystals with Bandgap Photoemission via a Noninjection One-Pot Approach. *O Jornal de Química Física C* **2009**, *113* (9), 3390-3401.

[43]   O'regan, B.; Grfitzeli, M., A low-cost, high-efficiency solar cell based on dye-sensitized. *nature* **1991**, *353*, 24.

[44]   Lee, J. K.; Yang, M. J., Progress in light harvesting and charge injection of dye-sensitized solar cells. *Materials Science and Engineering B-Advanced Functional Solid-State Materials* **2011**, *176* (15), 11421160.

[45]Dennler, G.; Scharber, M. C.; Brabec, C. J., Polymer-Fullerene Bulk-Heterojunction Solar Cells. *Materiais Avançados* **2009**, *21* (13), 1323-1338.

[46] Kamat, P. V., Meeting the clean energy demand: nanostructure architectures for solar energy conversion. *Journal of Physical Chemistry C* **2007**, *111* (7), 2834-2860.

[47] Zhang, J.; Li, H. B.; Geng, Y.; Wen, S. Z.; Zhong, R. L.; Wu, Y.; Fu, Q.; Su, Z. M., Modificação de C219 por dador de cumarina para um sensibilizador eficiente de células solares sensibilizadas por corantes: Um estudo teórico. *Corantes e Pigmentos* **2013**, *99* (1), 127-135.

[48]Adikaari, A. T.; Dissanayake, D. M.; Silva, S. P., Organic-inorganic solar cells: recent developments and outlook. *Selected Topics in Quantum Electronics, IEEE Journal of* **2010**, *16* (6), 1595-1606.

[49]Gunes, S.; Neugebauer, H.; Sariciftci, N. S., Conjugated polymer-based organic solar cells. *Chemical reviews* **2007**, *107* (4), 1324-1338.

[50]Kwon, S.; Shim, M.; Lee, J. I.; Lee, T.-W.; Cho, K.; Kim, J. K., Ultrahigh density array of CdSe nanorods for CdSe/polymer hybrid solar cells: enhancement in short-circuit current density. *Journal of Materials Chemistry* **2011**, *21* (33), 12449-12453.

[51]Beek, W. J.; Wienk, M. M.; Janssen, R. A., Hybrid polymer solar cells based on zinc oxide. *Journal of Materials Chemistry* **2005**, *15* (29), 2985-2988.

[52] Lee, T. H.; Sue, H. J.; Cheng, X., células solares de heterojunção em massa de ZnO e polímero conjugado contendo fotoanodo de nanobastão de ZnO. *Nanotecnologia* **2011**, *22* (28), 285401.

[53]Wang, D.-W.; Zhao, S.-L.; Xu, Z.; Kong, C.; Gong, W., A melhoria da eletroluminescência quase ultravioleta da heteroestrutura de nanobastões de ZnO/MEH-PPV utilizando uma camada tampão de ZnS. *Eletrónica Orgânica* **2011**, *12* (1), 92-97.

[54]Rana Bekci, D.; Erten-Ela, S., Effect of nanostructured ZnO cathode layer on the photovoltaic performance

of inverted bulk heterojunction solar cells. *Renewable Energy* **2012**, *43*, 378-382.

[55] Relatório do Laboratório Nacional de Energias Renováveis em 2013.

[56]Sun, S. S.; Sariciftci, N. S., *Organic photovoltaics: mechanisms, materials, and devices*. CRC press: 2010.

[57] Deibel, C.; Dyakonov, V.; Brabec, C. J., Organic bulk-heterojunction solar cells. *Selected Topics in Quantum Electronics, IEEE Journal of* **2010**, *16* (6), 1517-1527.

[58]Arredondo, B.; de Dios, C.; Vergaz, R.; Criado, A.; Romero, B.; Zimmermann, B.; Würfel, U., Performance of ITO-free inverted organic bulk heterojunction photodetectors: Comparação com a arquitetura de dispositivo padrão. *Eletrónica Orgânica* **2013**, *14* (10), 2484-2490.

[59] Liu, C. M.; Chen, C. M.; Su, Y. W.; Wang, S.-M.; Wei, K. H., Os efeitos plasmônicos de superfície localizada dupla de nanodots de ouro e nanopartículas de ouro aumentam o desempenho das células solares de polímero de heterojunção em massa. *Eletrónica Orgânica* **2013**, *14* (10), 2476-2483.

[60] Forrest, S. R., The limits to organic photovoltaic cell efficiency (Os limites da eficiência das células fotovoltaicas orgânicas). *MRS bulletin* **2005**, *30* (01), 28-32.

[61]Mor, G. K.; Shankar, K.; Paulose, M.; Varghese, O. K.; Grimes, C. A., High efficiency double células fotovoltaicas de hetrojunção polimérica utilizando matrizes de nanotubos de TiO2 altamente ordenadas. *Física Aplicada Letters* **2007**, *91* (15), 152111-152111-3.

[62]Lira-Cantu, M.; Norrman, K.; Andreasen, J. W.; Casan-Pastor, N.; Krebs, F. C., Detrimental effect of inert atmospheres on hybrid solar cells based on semiconductor oxides. *Journal of the Electrochemical Society* **2007**, *154* (6), B508-B513.

[63]Lira-Cantu, M.; Norrman, K.; Andreasen, J. W.; Krebs, F. C., Oxygen release and exchange in niobium oxide MEHPPV hybrid solar cells. *Química dos materiais* **2006**, *18* (24), 5684-5690.

[64]Olson, D. C.; Lee, Y.-J.; White, M. S.; Kopidakis, N.; Shaheen, S. E.; Ginley, D. S.; Voigt, J. A.; Hsu, J. W., Effect of polymer processing on the performance of poly (3-hexylthiophene)/ZnO nanorod photovoltaic devices. *Jornal de Química Física C* **2007**, *111* (44), 16640-16645.

[65]Bi, D.; Wu, F.; Qu, Q.; Yue, W.; Cui, Q.; Shen, W.; Chen, R.; Liu, C.; Qiu, Z.; Wang, M., Device performance related to amphiphilic modification at charge separation interface in hybrid solar cells with verticaltically aligned ZnO nanorod arrays. *Jornal de Química Física C* **2011**, *115* (9), 3745-3752.

[66] De Heer, W. A.; Chatelain, A.; Ugarte, D., Uma fonte de electrões de emissão de campo de nanotubos de carbono. *Science* **1995**, *270* (5239), 1179-1180.

[67] Biercuk, M.; Llaguno, M. C.; Radosavljevic, M.; Hyun, J.; Johnson, A. T.; Fischer, J. E., Carbon nanotube composites for thermal management. *Applied Physics Letters* **2002**, *80* (15), 2767-2769.

[68] Choi, E.; Brooks, J.; Eaton, D.; Al-Haik, M.; Hussaini, M.; Garmestani, H.; Li, D.; Dahmen, K., Enhancement of thermal and electrical properties of carbon nanotube polymer composites by magnetic field processing. *Journal of Applied Physics* **2003**, *94* (9), 6034-6039.

[69]Gao, J.; Yu, A.; Itkis, M. E.; Bekyarova, E.; Zhao, B.; Niyogi, S.; Haddon, R. C., Large-scale fabrication of aligned single-walled carbon nanotube array and hierarchical single-walled carbon nanotube assembly. *Journal of the American Chemical Society* **2004**, *126* (51), 16698-16699.

[70]Greene, L. E.; Law, M.; Yuhas, B. D.; Yang, P., ZnO-TiO2 core-shell nanorod/P3HT solar cells. *A Journal of Physical Chemistry C* **2007**, *111* (50), 18451-18456.

[71]Liu, J.; Wang, S.; Bian, Z.; Shan, M.; Huang, C., Organic/inorganic hybrid solar cells with verticaltically oriented ZnO nanowires. *Applied Physics Letters* **2009**, *94* (17), 173107-173107-3.

[72]Ruankham, P.; Macaraig, L.; Sagawa, T.; Nakazumi, H.; Yoshikawa, S., Surface modification of ZnO nanorods with small organic molecular dyes for polymer-inorganic hybrid solar cells. *Jornal de Química Física C* **2011**, *115* (48), 23809-23816.

[73]Lai, M. H.; Lee, M. W.; Wang, G. J.; Tai, M. F., Photovoltaic Performance of New-Structure ZnO-nanorod Dye-Sensitized Solar Cells. *International Journal of Electrochemical Science* **2011**, *6* (6), 21222130.

[74]Combessis, A.; Mazel, C.; Maugin, M.; Flandin, L., Optical density as a probe of carbon nanotubes dispersion in polymers. *Journal of Applied Polymer Science* **2013**, *130* (3), 1778-1786.

[75]Odom, T. W.; Huang, J.-L.; Kim, P.; Lieber, C. M., Atomic structure and electronic properties of single-walled carbon nanotubes. *Nature* **1998**, *391* (6662), 62-64.

[76]Kasumov, A. Y.; Deblock, R.; Kociak, M.; Reulet, B.; Bouchiat, H.; Khodos, I.; Gorbatov, Y. B.; Volkov, V.; Journet, C.; Burghard, M., Supercurrents through single-walled carbon nanotubes. *Science* **1999**, *284* (5419), 1508-1511.

[77] Woo, H.; Czerw, R.; Webster, S.; Carroll, D.; Park, J.; Lee, J., Organic light emitting diodes fabricated with single wall carbon nanotubes dispersed in a hole conducting buffer: the role of carbon nanotubes in a hole conducting polymer. *Synthetic Met* **2001**, *116* (1), 369-372.

[78]Curran, S. A.; Ajayan, P. M.; Blau, W. J.; Carroll, D. L.; Coleman, J. N.; Dalton, A. B.; Davey, A. P.; Drury, A.; McCarthy, B.; Maier, S., Um compósito de poli (m-fenilenovinileno-co-2, 5-dioctoxi-p-fenilenovinileno) e nanotubos de carbono: Um novo material para a optoelectrónica molecular. *Materiais Avançados* **1998**, *10* (14), 1091-1093.

[79]Heeger, A. J., Semiconducting and metallic polymers: the fourth generation of polymeric materials. *The Journal of Physical Chemistry B* **2001**, *105* (36), 8475-8491.

[80]MacDiarmid, A. G., Polyaniline and polypyrrole: where are we headed? *Synthetic Met* **1997**, *84* (1), 27-34.

[81] Joo, J.; Epstein, A., Electromagnetic radiation shielding by intrinsically conducting polymers. *Applied Physics Letters* **1994**, *65* (18), 2278-2280.

[82]Bartlett, P.; Birkin, P., The application of conducting polymers in biosensors. *Synthetic Met* **1993**, *61* (1), 15-21.

[83]Wu, T. M.; Lin, Y. W., Doped polyaniline/multi-walled carbon nanotube composites: Preparação, caraterização e propriedades. *Polymer* **2006**, *47* (10), 3576-3582.

[84]   Guo, D. j.; Li, H., Filmes compostos de polianilina/nanotubos de carbono de paredes múltiplas bem dispersos. *Journal of Solid State Electrochemistry* **2005**, *9* (6), 445-449.

[85]Deng, J.; Ding, X.; Zhang, W.; Peng, Y.; Wang, J.; Long, X.; Li, P.; Chan, A. S., Carbon nanotubepolyaniline hybrid materials. *European Polymer Journal* **2002**, *38* (12), 2497-2501.

[86]Dresselhaus, M. S.; Dresselhaus, G.; Eklund, P. C., *Science of fullerenes and carbon nanotubes: their properties and applications*. Academic Press: 1996.

[87]Stauffer, D.; Aharony, A., *Introduction to percolation theory*. CRC press: 1994.

[88]Kanzow, H.; Ding, A., Formation mechanism of single-wall carbon nanotubes on liquid-metal partículas. *Physical Review B* **1999**, *60* (15), 11180.

Shaffer, M. S.; Windle, A. H., Fabrico e caraterização de nanotubos de carbono/poli (álcool vinílico) compósitos. *Materiais Avançados* **1999**, *11* (11), 937-941.

[89]Baughman, R. H.; Zakhidov, A. A.; de Heer, W. A., Carbon nanotubes--the route towards applications. *Science* **2002**, *297* (5582), 787-792.

[90]Koerner, H.; Price, G.; Pearce, N. A.; Alexander, M.; Vaia, R. A., Remotely actuated polymer nanocomposites-stress-recovery of carbon-nanotube-filled thermoplastic elastomers. *Nature Materials* **2004**, *3* (2), 115-120.

[91] Moniruzzaman, M.; Winey, K. I., Polymer nanocomposites containing carbon nanotubes. *Macromolecules* **2006**, *39* (16), 5194-5205.

[92]Wang, S.; Lu, S.; Li, X.; Zhang, X.; He, S.; He, T., Estudo da concentração de H2SO4 nas propriedades dos contra-eletrodos de polianilina dopados com H2SO4 para células solares sensibilizadas por corantes. *Journal of Power Sources* **2013**, *242*, 438-446.

[93]Chappel, S.; Chen, S. G.; Zaban, A., TiO2-coated nanoporous SnO2 electrodes for dye-sensitized solar cells. *Langmuir* **2002**, *18* (8), 3336-3342.

[94]Lee, T. Y.; Alegaonkar, P.; Yoo, J. B., Fabrication of dye sensitized solar cell using TiO2 coated carbon nanotubes. *Thin Solid Films* **2007**, *515* (12), 5131-5135.

[95]Kongkanand, A.; Martinez Dominguez, R.; Kamat, P. V., Single wall carbon nanotube scaffolds for photoelectrochemical solar cells. Captura e transporte de electrões fotogerados. *Nano letters* **2007**, *7* (3), 676-680.

[96]Olek, M.; Büsgen, T.; Hilgendorff, M.; Giersig, M., Quantum dot modified multiwall carbon nanotubos. *The Journal of Physical Chemistry B* **2006**, *110* (26), 12901-12904.

[97] Robel, I.; Bunker, B. A.; Kamat, P. V., Single-Walled Carbon Nanotube-CdS Nanocomposites as Light-Harvesting Assemblies: Interações de transferência de carga fotoinduzidas. *Materiais Avançados* **2005**, *17* (20), 2458-2463.

[98]Hasobe, T.; Fukuzumi, S.; Kamat, P. V., Organized assemblies of single wall carbon nanotubes and porfirina para células solares fotoquímicas: Injeção de carga a partir de

[99]porfirina em nanotubos de carbono de parede simples. *The Journal of Physical Chemistry B* **2006**, *110* (50), 25477-25484.

[100]Lin, Y. Y.; Chen, C. W.; Chu, T. H.; Su, W.-F.; Lin, C. C.; Ku, C. H.; Wu, J. J.; Chen, C. H., Nanostructured metal oxide/conjugated polymer hybrid solar cells by low temperature solution processes. *Journal of Materials Chemistry* **2007**, *17* (43), 4571-4576.

[101] Brabec, C.; Scherf, U.; Dyakonov, V., *Organic photovoltaics: materials, device physics, and manufacturing technologies*. Wiley. com: 2011.

[102]Weller, H., Quantized semiconductor particles: a novel state of matter for materials science. *Advanced Materials* **1993**, *5* (2), 88-95.

[103]Arango, A.; Carter, S.; Brock, P., Charge transfer in photovoltaic consisting of interpenetrating networks of conjugated polymer and TiO nanoparticles. *Applied Physics Letters* **1999**, *74* (12), 1698-1700.

[104]Coakley, K. M.; McGehee, M. D., Photovoltaic cells made from conjugated polymers infiltrated into mesoporous titania. *Applied Physics Letters* **2003**, *83* (16), 3380-3382.

[105]Huisman, C. L.; Goossens, A.; Schoonman, J., Aerosol synthesis of anatase titanium dioxide nanoparticles for hybrid solar cells. *Chemistry of materials* **2003**, *15* (24), 4617-4624.

[106]Kroger, M.; Hamwi, S.; Meyer, J.; Riedl, T.; Kowalsky, W.; Kahn, A., P-type doping of organic wide band gap materials by transition metal oxides: Um estudo de caso sobre o trióxido de molibdénio. *Eletrónica Orgânica* **2009**, *10* (5), 932-938.

[107] Shuai, Z. G.; Xu, W.; Peng, Q.; Geng, H., Da teoria do estado excitado eletrónico às previsões de propriedades de materiais optoelectrónicos orgânicos. *Science China-Chemistry* **2013**, *56* (9), 1277-1284.

[108]Adikaari, A. T.; Dissanayake, D. M.; Silva, S. P., Organic-inorganic solar cells: recent developments and outlook. *Selected Topics in Quantum Electronics, IEEE Journal of* **2010**, *16* (6), 1595-1606.

[109] Gunes, S.; Neugebauer, H.; Sariciftci, N. S., Conjugated polymer-based organic solar cells. *Chemical reviews* **2007**, *107* (4), 1324-1338.

[110]Kwon, S.; Shim, M.; Lee, J. I.; Lee, T.-W.; Cho, K.; Kim, J. K., Ultrahigh density array of CdSe nanorods for CdSe/polymer hybrid solar cells: enhancement in short-circuit current density. *Journal of Materials Chemistry* **2011**, *21* (33), 12449-12453.

[111] Koster, L. J. A.; van Strien, W. J.; Beek, W. J.; Blom, P. W., Device operation of conjugated polymer/zinc oxide bulk heterojunction solar cells. *Advanced Functional Materials* **2007**, *17* (8), 12971302

[112]Khare, A.; Wills, A. W.; Ammerman, L. M.; Norris, D. J.; Aydil, E. S., Size control and quantum confinement in Cu2ZnSnS4 nanocrystals. *Chemical Communications* **2011**, *47* (42), 11721-11723.

[113] Beek, W. J.; Wienk, M. M.; Janssen, R. A., Hybrid polymer solar cells based on zinc oxide. *Journal of Materials Chemistry* **2005**, *15* (29), 2985-2988.

[114] Lee, T.-H.; Sue, H.-J.; Cheng, X., células solares de heterojunção a granel de ZnO e polímero conjugado contendo fotoanodo de nanobastão de ZnO. *Nanotecnologia* **2011**, *22* (28), 285401.

[115]Wang, D.-W.; Zhao, S.-L.; Xu, Z.; Kong, C.; Gong, W., A melhoria da eletroluminescência quase ultravioleta da heteroestrutura de nanobastões de ZnO/MEH-PPV utilizando uma camada tampão de ZnS. *Eletrónica Orgânica* **2011**, *12* (1), 92-97.

[116] Erten-Ela, S.; Ocakoglu, K., Fabrication of Thin Film Nanocrystalline TiO2 Solar Cells using Ruthenium Complexes with Carboxyl and Sulfonyl Groups. *Jornal de Química Industrial e de Engenharia* **2013**.

[117]Park, J. H.; Lee, T. W.; Chin, B. D.; Wang, D. H.; Park, O. O., Roles of interlayers in efficient organic photovoltaic devices. *Comunicações rápidas macromoleculares* **2010**, *31* (24), 2095-2108.

[118]Wang, X.; Perzon, E.; Delgado, J. L.; de La Cruz, P.; Zhang, F.; Langa, F.; Andersson, M.; Inganas, O., Infrared photocurrent spectral response from plastic solar cell with low-band-gap polyfluorene and fullerene derivative. *Applied Physics Letters* **2004**, *85* (21), 5081-5083.

[119]Takanezawa, K.; Tajima, K.; Hashimoto, K., Efficiency enhancement of polymer photovoltaic devices hybridized with ZnO nanorod arrays by the introduction of a vanadium oxide buffer layer. *Applied Physics Letters* **2008**, *93*, 063308.

[120]Greene, L. E.; Law, M.; Yuhas, B. D.; Yang, P. D., ZnO-TiO2 core-shell nanorod/P3HT solar cells. *J Phys Chem C* **2007**, *111* (50), 18451-18456.

[121]Liu, J.; Wang, S.; Bian, Z.; Shan, M.; Huang, C., Organic/inorganic hybrid solar cells with verticaltically oriented ZnO nanowires. *Applied Physics Letters* **2009**, *94* (17), 173107-173107-3.

[122]Ruankham, P.; Macaraig, L.; Sagawa, T.; Nakazumi, H.; Yoshikawa, S., Surface modification of ZnO nanorods with small organic molecular dyes for polymer-inorganic hybrid solar cells. *Jornal de Química Física C* **2011**, *115* (48), 23809-23816.

[123]Bai, S.; Wu, Z.; Xu, X.; Jin, Y.; Sun, B.; Guo, X.; He, S.; Wang, X.; Ye, Z.; Wei, H., Inverted organic solar cells based on aqueous processed ZnO interlayers at low temperature. *Applied Physics Letters* **2012**, *100* (20), 203906-203906-4.

[124]Xu, S.; Wang, Z. L., One-dimensional ZnO nanostructures: Crescimento da solução e propriedades funcionais. *Nano Research* **2011**, *4* (11), 1013-1098.

[125]Kundu, S.; Gollu, S. R.; Sharma, R.; Srinivas, G.; Ashok, A.; Kulkarni, A. R.; Gupta, D., Device estabilidade de células solares de heterojunção em massa invertidas e convencionais com nanopartículas de MoO3 e ZnO como camadas de transporte de carga. *Eletrónica Orgânica* **2013**, *14* (11), 3083-3088.

[126] Baeten, L.; Conings, B.; Boyen, H. G.; D'Haen, J.; Hardy, A.; D'Olieslaeger, M.; Manca, J. V.; Van Bael, M. K., Towards efficient hybrid solar cells based on fully polymer infiltrated ZnO nanorod arrays. *Materiais Avançados* **2011**, *23* (25), 2802-2805.

[127]Tanveer, M.; Habib, A.; Bilal Khan, M., Infiltração de polímero através dos poros de nanofibras electrospun e desempenho de dispositivos fotovoltaicos TiO2 Nanofibers/P3HT. *Current Nanoscience* **2013**, *9* (3), 351-356.

[128]Tachikawa, T.; Fujitsuka, M.; Majima, T., Mechanistic insight into the TiO2 photocatalytic reactions: design of new photocatalysts. *The Journal of Physical Chemistry C* **2007**, *111* (14), 5259-5275.

[129]Dang, M. T.; Hirsch, L.; Wantz, G., P3HT: PCBM, best seller in polymer photovoltaic research. *Materiais Avançados* **2011**, *23* (31), 3597-3602.

[130]Chen, C. T.; Hsu, F.-C.; Kuan, S. W.; Chen, Y.-F., The effect of C60 on the ZnO-nanorod surface in organic-inorganic hybrid photovoltaics. *Solar Energy Materials and Solar Cells* **2011**, *95* (2), 740-744.

[131]Kokornaczyk, M. O.; Dinelli, G.; Marotti, I.; Benedettelli, S.; Nani, D.; Betti, L., Self-organized crystallization patterns from evaporating droplets of common wheat grain leakages as a potential tool for quality analysis. *The Scientific World Journal* **2011**, *11*, 1712-1725.

[132]AbdulAlmohsin, S.; Cui, J., Graphene-Enriched P3HT and Porphyrin-Modified ZnO Nanowire Matrizes para aplicações em células solares híbridas. *The Journal of Physical Chemistry C* **2012**, *116* (17), 94339438.

[133] Samadpour, M.; Gimenez, S.; Zad, A. I.; Taghavinia, N.; Mora-Sero, I., Fibras ocas de TiO2 fabricadas facilmente para células solares sensibilizadas por pontos quânticos. *Físico-Quimica Física Química* **2012**, *14* (2), 522-528.

[134]Cui, J. B.; Gibson, U. J., Enhanced nucleation, growth rate, and dopant incorporation in ZnO nanowires. *Journal of Physical Chemistry B* **2005**, *109* (46), 22074-22077.

[135]Roy, V. A. L.; Djurisic, A. B.; Liu, H.; Zhang, X. X.; Leung, Y. H.; Xie, M. H.; Gao, J.; Lui, H. F.; Surya, C., Propriedades magnéticas de estruturas de tetrápodes de ZnO dopadas com Mn. *Applied Physics Letters* **2004**, *84* (5), 756-758.

[136]Saini, V.; Li, Z. R.; Bourdo, S.; Dervishi, E.; Xu, Y.; Ma, X. D.; Kunets, V. P.; Salamo, G. J.; Viswanathan, T.; Biris, A. R.; Saini, D.; Biris, A. S., Electrical, Optical, and Morphological Properties of P3HT-MWNT Nanocomposites Prepared by in Situ Polymerization. *Journal of Physical Chemistry C* **2009**, *113* (19), 8023-8029.

[137]Pacholski, C.; Kornowski, A.; Weller, H., Self-Assembly of ZnO: From Nanodots to Nanorods. *Angewandte Chemie International Edition* **2002**, *41* (7), 1188-1191.

[138]Matthews, M.; Pimenta, M.; Dresselhaus, G.; Dresselhaus, M.; Endo, M., Origin of dispersive effects of the Raman D band in carbon materials. *Physical review b* **1999**, *59* (10), R6585.

[139]Cochet, M.; Louarn, G.; Quillard, S.; Buisson, J.; Lefrant, S., Estudo vibracional teórico e experimental da esmeraldina na forma de sal. Parte II. *Journal of Raman Spectroscopy* **2000**, *31* (12), 1041-1049.

[140]Gruger, A.; Novak, A.; Regis, A.; Colomban, P., Infrared and Raman study of polyaniline Part II: Influence of ortho substituents on hydrogen bonding and UV/Vis-near-IR electron charge transfer. *Journal of Molecular Structure* **1994**, *328*, 153-167.

[141]Lee, H. Y.; Rwei, S. P.; Wang, L.; Chen, P. H., Preparação e caraterização de nanopartículas de polianilina-poliestireno sulfonato@Fe3O4 com núcleo de casca. *Química e Física dos Materiais* **2008**, *112* (3), 805-809.

[142]Yang, C. H.; Wen, T. C., Derivado de polianilina com dopagem externa e interna via Copolimerização Eletroquímica de Anilina e Ácido 2, 5-Diaminobenzenossulfónico em Revestimento de IrO2 Elétrodo de titânio. *Journal of the Electrochemical Society* **1994**, *141* (10), 2624-2632.

[143]Naoi, K.; Kawase, K. i.; Mori, M.; Komiyama, M., Electrochemistry of Poly (2, 2'-dithiodianiline): A Nova classe de polímeros condutores de alta energia interconectados com ligações S-S. *Jornal do Sociedade Eletroquímica* **1997**, *144* (6), L173-L175.

[144]Shah, A.u.H. A.; Holze, R., In situ UV-vis spectroelectrochemical studies of the copolymerization of o-aminophenol and aniline. *Synthetic Met* **2006**, *156* (7), 566-575.

[145]Chen, C.; Sun, C.; Gao, Y., Electrosynthesis of poly (aniline-co-p-aminophenol) having electrochemical properties in a wide pH range. *Electrochimica Ata* **2008**, *53* (7), 3021-3028.

[146]Bauhofer, W.; Kovacs, J. Z., A review and analysis of electrical percolation in carbon nanotube polymer composites. *Composites science and technology* **2009**, *69* (10), 1486-1498.

[147] Blanchet, G. B.; Fincher, C. R.; Gao, F., Compósitos de nanotubos de polianilina: Um condutor imprimível de alta resolução. *Applied Physics Letters* **2003**, *82* (8), 1290-1292.

[148]Konyushenko, E. N.; Stejskal, J.; Trchová, M.; Hradil, J.; Kováfová, J.; Prokes, J.; Cieslar, M.; Hwang, J.-Y.; Chen, K.-H.; Sapurina, I., Multi-wall carbon nanotubes coated with polyaniline. *Polymer* **2006**, *47* (16), 5715-5723.

[149] Long, Y.; Chen, Z.; Zhang, X.; Zhang, J.; Liu, Z., Electrical properties of multi-walled carbon nanotube/polypyrrole nanocables: percolation-dominated conductivity. *Jornal de Física D: Física Aplicada* **2004**, *37* (14), 1965.

[150]Sangeeth, C.; Jiménez, P.; Benito, A. M.; Maser, W. K.; Menon, R., Charge transport properties of water dispersible multiwall carbon nanotube-polyaniline composites. *Jornal de Física Aplicada* **2010**, *107* (10), 103719-103719-5.

[151]Wang, X.; Perzon, E.; Delgado, J. L.; de La Cruz, P.; Zhang, F.; Langa, F.; Andersson, M.; Inganas, O., Infrared photocurrent spectral response from plastic solar cell with low-band-gap polyfluorene and fullerene derivative. *Applied Physics Letters* **2004**, *85* (21), 5081-5083.

[152](a)Yu, G.; Gao, J.; Hummelen, J.; Wudl, F.; Heeger, A., Polymer photovoltaic cells: enhanced efficiencies via a network of internal donor-acceptor heterojunctions. *Science-AAAS-Weekly Paper Edition* **1995**, *270* (5243), 1789-1790.(b) Padinger, F.; Rittberger, R. S.; Sariciftci, N. S., Effects of postproduction treatment on plastic solar cells. *Advanced Functional Materials* **2003**, *13* (1), 85-88.(c) Shaheen, S. E.; Brabec, C. J.; Sariciftci, N. S.; Padinger, F.; Fromherz, T.; Hummelen, J. C., Células solares de plástico orgânico com uma eficiência de 2,5%. *Applied Physics Letters* **2001**, *78*, 841.

[153](a) Krüger, J.; Plass, R.; Cevey, L.; Piccirelli, M.; Grätzel, M.; Bach, U., High efficiency solid-state photovoltaic device due to inhibition of interface charge recombination. *Applied Physics Letters* **2001**, *79*, 2085.(b) Bach, U.; Lupo, D.; Comte, P.; Moser, J.; Weissörtel, F.; Salbeck, J.; Spreitzer, H.; Grätzel, M., Solid-state dye-sensitized mesoporous TiO2 solar cells with high photon-to-electron conversion efficiencies. *nature* **1998**, *395* (6702), 583-585.(c) Arango, A.; Carter, S.; Brock, P., Charge transfer in photovoltaics consisting of interpenetrating networks of conjugated polymer and TiO2 nanoparticles. *Applied Physics Letters* **1999**, *74* (12), 1698-1700.(d) Breeze, A.; Schlesinger, Z.; Carter, S.; Brock, P., Charge transport in TiO2/MEH-PPV polymer photovoltaics. *Physical review b* **2001**, *64* (12), 125205. [154] (a) Greenham, N. C.; Peng, X.; Alivisatos, A. P., Charge separation and transport in conjugated- polymer/semiconductor-nanocrystal composites studied by photoluminescence quenching and photoconductivity. *Physical review b* **1996**, *54* (24), 17628.(b) Huynh, W. U.; Dittmer, J. J.; Alivisatos, A. P., Hybrid nanorod-polymer solar cells. *Science* **2002**, *295* (5564), 2425-2427.

[155](a) Halls, J.; Walsh, C.; Greenham, N.; Marseglia, E.; Friend, R.; Moratti, S.; Holmes, A., Efficient photodiodes from interpenetrating polymer networks. *Nature* (Londres) **1995**. 376, 498(b) Granström, M.; Petritsch, K.; Arias, A.; Lux, A.; Andersson, M.; Friend, R., Laminated fabrication of polymeric photovoltaic diodes. *nature* **1998**, *395* (6699), 257-260.

[156]	AbdulAlmohsin, S.; Armstrong, J.; Cui, J., Células solares sensibilizadas por nanocristais de CdS com polianilina como contra-eletrodo. *Journal of Renewable and sustainable Energy* **2012**, *4*, 043108.

[157]	Shalom, M.; Albero, J.; Tachan, Z.; Martinez-Ferrero, E.; Zaban, A.; Palomares, E., Quantum dotdye bilayer-sensitized solar cells: Quebrando os limites impostos pela baixa absorvância das monocamadas de corantes.

Jornal de Letras Físico-Químicas **2010**, *1* (7), 1134-1138.

[158]   Yu, K.; Ouyang, J.; Zaman, M. B.; Johnston, D.; Yan, F. J.; Li, G.; Ratcliffe, C. I.; Leek, D. M.; Wu, X.; Stupak, J., Nanocristais de CdSe de tamanho único com fotoemissão de bandgap através de uma abordagem One-Pot sem injeção. *The Journal of Physical Chemistry C* **2009**, *113* (9), 3390-3401.

[159]   Joo, S. H.; Choi, S. J.; Oh, I.; Kwak, J.; Liu, Z.; Terasaki, O.; Ryoo, R., Ordered nanoporous arrays of carbon supporting high dispersions of platinum nanoparticles. *nature* **2001**, *412* (6843), 169-172.

[160]   Papageorgiou, N.; Maier, W.; Grätzel, M., Um electrocatalisador de redução de iodo/triiodeto para meios aquosos e orgânicos. *Journal of the Electrochemical Society* **1997**, *144* (3), 876-884.

[161]   Stergiopoulos, T.; Bernard, M. C.; Goff, A. H. L.; Falaras, P., Resonance micro-Raman spectrophotoelectrochemistry on nanocrystalline TiO2 thin film electrodes sensitized by Ru(II) complexes. *Coordination Chemistry Reviews* **2004**, *248* (13-14), 1407-1420.

[162]   AbdulAlmohsin, S.; Mohammed, M.; Li, Z.; Thomas, M.; Wu, K.; Cui, J., Nanotubos de carbono de paredes múltiplas como um novo contra-eletrodo para células solares sensibilizadas por corante. *J Nanosci Nanotechno* **2012**, *12* (3), 2374-2379.

[163]   Joshi, P.; Yu, X.; Mwaura, J.; Ropp, M.; Galipeau, D.; Qiao, Q. In *Dye-sensitized solar cells based on carbon counter electrode*, Photovoltaic Specialists Conference, 2008. PVSC'08. 33ª IEEE, IEEE: 2008, 1-4.

[164]   Thanachayanont, C.; Inpor, K.; Sahasithiwat, S.; Meeyoo, V., Células solares poliméricas MEH-PPV/CdS com nanobastões. *Jornal da Sociedade Coreana de Física* **2008**, *52*, 1540.

[165]   Ferrari, A.; Meyer, J.; Scardaci, V.; Casiraghi, C.; Lazzeri, M.; Mauri, F.; Piscanec, S.; Jiang, D.; Novoselov, K.; Roth, S., Raman spectrum of graphene and graphene layers. *Physical review letters* **2006**, *97* (18), 187401.

[166]   Klimov, E.; Li, W.; Yang, X.; Hoffmann, G.; Loos, J., Investigação microscópica confocal Raman e de campo próximo de sistemas P3HT-PCBM para aplicações em células solares. *Macromolecules* **2006**, *39* (13), 4493-4496.

[167]   Quattrocchi, C.; Lazzaroni, R.; Bredas, J.; Kiebooms, R.; Vanderzande, D.; Gelan, J.; Van Meervelt, L., Optical Absorption Spectra of Aromatic Isothianaphthene Oligomers: Teoria e Experimento. *The Journal of Physical Chemistry* **1995**, *99* (12), 3932-3938.

[168]   Baibarac, M.; Lapkowski, M.; Pron, A.; Lefrant, S.; Baltog, I., SERS spectra of poly (3-hexylthiophene) in oxidized and unoxidized states. *Journal of Raman Spectroscopy* **1998**, *29* (9), 825-832.

[169]   Xu, Y. X.; Sheng, K. X.; Li, C.; Shi, G. Q., Hidrogel de grafeno auto-montado através de um processo hidrotérmico de um passo. *Acs Nano* **2010**, *4* (7), 4324-4330.

[170]   Liang, J.; Huang, Y.; Oh, J.; Kozlov, M.; Sui, D.; Fang, S.; Baughman, R. H.; Ma, Y.; Chen, Y., Actuadores electromecânicos baseados em grafeno e papel híbrido grafeno/Fe3O4. *Materiais Funcionais Avançados* **2011**, *21* (19), 3778-3784.

[171]   Lee, M. J.; Seo, K. D.; Song, H. M.; Kang, M. S.; Eom, Y. K.; Kang, H. S.; Kim, H. K., Novel D-n-A system based on zinc-porphyrin derivatives for highly efficient dye-sensitised solar cells. *Tetrahedron Letters* **2011**, *52* (30), 3879-3882.

[172]   Xu, Y.; He, C.; Liu, F.; Jiao, M.; Yang, S., Nano-redes hexagonais híbridas de clusterfullereno de nitreto metálico e porfirina usando uma abordagem supramolecular. *Jornal de Química de Materiais* **2011**, *21* (35), 13538-13545.

[173]   Lee, C.-Y.; Huang, J.S.; Hsu, S.H.; Su, W.F.; Lin, C.F., Caraterísticas dos nanobastões de ZnO do tipo n no topo da heterojunção de poli (3-hexiltiofeno) do tipo p por crescimento baseado em solução. *Thin Solid Films* **2010**, *518* (21), 6066-6070.

[174]   Al-Ibrahim, M.; Roth, H.; Zhokhavets, U.; Gobsch, G.; Sensfuss, S., Células solares poliméricas flexíveis de grande área baseadas em poli (3-hexiltiofeno)/fullereno. *Solar Energy Materials and Solar Cells* **2005**, *85* (1), 13-20.

[175]   Ing, Y. C.; Zainal, Z.; Kassim, A.; Yunus, W. M. M., Preparação eletroquímica da junção pn de duas camadas de n-CdS/p-P3HT. *Int. J. Electrochem. Sci* **2011**, *6*, 2898-2904.

[176]   Cherian, S.; Wamser, C. C., Adsorção e fotoactividade da tetra (4-carboxifenil) porfirina (TCPP) em TiO2 nanoparticulado. *The Journal of Physical Chemistry B* **2000**, *104* (15), 3624-3629.

[177]   Bai, S.; Wu, Z.; Xu, X.; Jin, Y.; Sun, B.; Guo, X.; He, S.; Wang, X.; Ye, Z.; Wei, H., Células solares orgânicas invertidas baseadas em interlayers de ZnO processados aquosamente a baixa temperatura. *Applied Physics Letters* **2012**, *100* (20), 203906-203906-4.

Publicações: Lista de publicações

[1] AbdulAlmohsin, S.; Mohammed, M.; Li, Z.; Thomas, M.; Wu, K.; Cui, J., Nanotubos de carbono de paredes múltiplas como um novo contra-eletrodo para células solares sensibilizadas por corante. *J Nanosci Nanotechno* **2012**, *12* (3), 2374-2379.

[2] AbdulAlmohsin, S.; Cui, J., P3HT enriquecido com grafeno e matrizes de nanofios de ZnO modificados com porfirina para aplicações em células solares híbridas. *O Jornal de Química Física C* **2012**, *116* (17), 9433-9438.

[3] AbdulAlmohsin, S.; Li, Z.; Mohammed, M.; Wu, K.; Cui, J., Compósitos de polianilina/ nanotubos de carbono de paredes múltiplas electrodepositados para aplicações em células solares. *Synthetic Metals* **2012**, *162* (11), 931-935.

[4]AbdulAlmohsin, S.; Armstrong, J.; Cui, J., Células solares sensibilizadas por nanocristais de CdS com

polianilina como contra-eletrodo. *Journal of Renewable and Sustainable Energy Reviews* **2012,** *4,* 043108.
[5]AbdulAmohsin, S.; Cui, J. In *Surface modified ZnO nanorod arrays for hybrid solar cell applications,* Photovoltaic Specialists Conference (PVSC), 2012 38th IEEE, IEEE: 2012; pp 002296-002300.
[6] AbdulAmohsin, S.; Cui,J;Mohammed,M., Estudo sobre ZnO/P3HT: Células solares de nanofios PCBM. Conferência de Especialistas em Fotovoltaica (PVSC), 2013 39° IEEE, IEEE: 2013; pp 003366-003371.
[7] Preparação: Células solares sensíveis a corantes de estado sólido baseadas em nanofios de ZnO com nanocompósitos SWCNTS-PPY, SWCNTS-PANI e SWCNTS-PT. como HTM
S. AbdulAlmohsin e J.B.Cui

Printed by Books on Demand GmbH, Norderstedt / Germany